班组安全全员学系列图文手册

安全员
必备知识手册

"班组安全全员学系列图文手册"编委会　组织编写

中国劳动社会保障出版社

图书在版编目（CIP）数据

安全员必备知识手册／"班组安全全员学系列图文手册"编委会组织编写．--北京：中国劳动社会保障出版社，2022

（班组安全全员学系列图文手册）

ISBN 978-7-5167-5466-5

Ⅰ.①安… Ⅱ.①班… Ⅲ.①安全生产–手册 Ⅳ.①X93-62

中国版本图书馆 CIP 数据核字（2022）第 215992 号

中国劳动社会保障出版社出版发行

（北京市惠新东街 1 号　邮政编码：100029）

*

北京市白帆印务有限公司印刷装订　　新华书店经销

880 毫米 ×1230 毫米　32 开本　3.375 印张　74 千字

2022 年 12 月第 1 版　2022 年 12 月第 1 次印刷

定价：20.00 元

营销中心电话：400-606-6496

出版社网址：http://www.class.com.cn

版权专有　　侵权必究

如有印装差错，请与本社联系调换：（010）81211666

我社将与版权执法机关配合，大力打击盗印、销售和使用盗版图书活动，敬请广大读者协助举报，经查实将给予举报者奖励。

举报电话：（010）64954652

"班组安全全员学系列图文手册"
编委会

马卫国　　王定军　　王海燕　　田　啸　　包冬冬　　刘长伟
李志华　　杨远锋　　邹　涛　　张国胜　　张　玲　　陈少杰
陈　磊　　尚鸿志　　袁春贤　　徐院锋　　曹贤龙

本书主编： 张艳梅
编写人员： 张　玲　　赵以萱　　赵雪洁　　袁春贤

前 言
PREFACE

  安全员在企业管理中起着承上启下的作用，不仅需要解决生产中出现的安全技术问题，同时需要联系和协调各部门之间的工作，调动基层员工的积极性，工作琐碎，且责任重大。

  作为企业安全生产的监督员和检查员，安全员不但是企业安全生产的管理者，也是安全生产制度的执行者和企业各项安全生产管理工作的实施者，整个职业生涯都需要其个人能力的不断提升。本书紧密围绕安全员的工作职责，涵盖安全检查、隐患排查、作业安全、职业健康等方面，可作为广大安全员提高自身专业素质和业务能力的参考资料。

编者

2022 年 4 月

目录
CONTENTS

第1章 安全管理基础 / 1

第一节 安全员的职责和权利 / 1

第二节 安全员的日常工作 / 3

第三节 安全教育培训制度 / 7

第四节 安全检查制度 / 10

第五节 事故报告和事故管理 / 14

第2章 隐患排查 / 17

第一节 企业隐患排查治理的基本形式与频次 / 17

第二节 重大生产安全事故隐患判定标准 / 21

第3章 作业安全 / 35

第一节 电气作业安全 / 35

第二节 焊接作业安全 / 39

第三节 高处作业安全 / 44

第四节 受限空间作业安全 / 48

第五节 动火作业安全 / 54

第六节 起重作业安全 / 58

第七节 临时用电作业安全 / 62

第 4 章　职业健康 / 71

第一节　粉尘类职业危害及其预防知识 / 71

第二节　职业性化学中毒及其预防知识 / 74

第三节　物理性职业危害预防知识 / 77

第四节　职业性皮肤病和职业肿瘤预防知识 / 82

第五节　女职工职业危害防护 / 84

第六节　劳动者职业卫生权利和义务 / 89

第 5 章　常见事故现场救护 / 93

第一节　火灾事故现场救护 / 93

第二节　化学烧伤、中毒事故现场救护 / 94

第三节　气体中毒事故现场救护 / 95

第四节　触电事故现场救护 / 96

第五节　高处坠落事故现场救护 / 97

第六节　坍塌事故现场救护 / 99

第1章 安全管理基础

第一节 安全员的职责和权利

安全员是指企业中从事安全生产管理工作的人员,也是企业安全生产的监督员和检查员。安全员是企业各项安全生产管理工作的实施者,主要负责监督、检查、指导企业安全生产相关工作。

一、安全员的职责

1. 认真贯彻和执行国家和上级有关安全生产的方针、政策、法律、法规、规程和标准。

2. 参加编制安全生产长远规划、年度安全措施计划,参与安全生产责任制、安全管理制度、安全操作规程的制定工作。

3. 落实企业各项规章制度和安全措施计划。

4. 会同有关部门做好安全生产宣传教育和培训工作，总结和推广安全生产的先进经验。

5. 指导下级安全员开展安全工作，及时制止违章操作行为。

6. 对工作现场进行安全检查，监督员工按照安全操作规程进行作业，及时发现各种不安全隐患，督促做好整改，复查整改结果。

7. 督促劳动防护用品的发放工作，培训员工使其掌握正确佩戴和使用劳动防护用品的方法。

8. 参与隐患排查工作，对重大危险源进行监督管理，参与事故应急救援预案的制定和演练。

9. 检查现场消防工作，及时消除消防隐患，按照要求检查消防设备与设施，及时保养、更换过期或损坏的消防器材。

10. 当发生安全事故时应及时到达事故现场，做好现场保护，及时展开救援，救助受伤员工，并参加或组织伤亡事故的调查和处理，做好工伤事故的统计、分析和报告，协助有关部门、人员制定防止事故再次发生的措施，并检查落实。

二、安全员的权利

1. 有权对国家安全生产方针或上级指示贯彻执行情况进行检查监督。

2. 有权进入作业现场，进行安全检查。

3. 有权制止违反安全生产规章制度和安全操作规程的行为，在情况危急时，对可能造成重大伤亡的事故隐患，有权下令停止作业，并且立即报告上级处理。

4. 对于违反安全生产管理制度的个人，有处罚的权利或提出处罚建议的权利。

5. 对严重违反安全生产规章制度的个人，有权进行批评教育并向上级汇报。

6. 其他实施安全生产管理的权利。

第二节　安全员的日常工作

安全员的主要工作是对生产现场的安全生产进行监督管理，控制、减少各类安全事故的发生。安全员的日常工作主要包括安全检查、隐患排查与整改监督、违章行为查处、安全培训与宣教及其他安全生产相关工作。

一、安全检查

1. 安全设备设施的检查

每天应对安全设备设施的运行状况进行安全检查，做好记录，发现问题应立即通知相关负责人整改，保证安全设备设施正常运转。

2. 消防设施的安全检查

检查车间及厂区的消火栓箱内的消防水带、消防水枪是否齐全，检查消火栓内的设施是否完好，检查灭火器是否已失效，检查消防控制中心设备是否运行正常。

3. 特种作业人员与特种设备操作人员持证检查

检查特种作业人员与特种设备操作人员是否有资格证，严禁无证上岗；检查特种作业人员与特种设备操作人员的安全操作情况，严禁违章操作，发现违章应及时制止并纠正违章行为，必要时给予处罚；帮助达到上岗条件的人员申请办理资格证。

4. 劳动防护用品的安全检查

主要检查车间所有员工是否佩戴劳动防护用品，并正确佩戴；发现员工相关劳动防护用品损坏、破损，应及时给予更换。

5. 安全用电检查

主要对配电房进行安全检查,及时检查重要工位是否装设漏电保护开关;及时检查电气设备的电源线是否有破损,检查配电箱门、电源开关是否完好安全。

6. 检查高危作业的许可情况

每天检查现场动火作业、高处作业、受限空间作业等高危作业是否按照要求办理作业许可证,检查作业许可证是否张贴在作业现场、现场人员是否按照作业许可证的要求进行作业。

7. 检查现场安全标志

检查防火防爆区域、有毒有害作业场所、机械高温低冷部位、配电房与配电设施、消防通道等的安全标志是否配备齐全、是否损坏。

8. 检查各项记录

检查班前活动记录、电工巡视记录、设备（机具）维修保养记录、机械设备运行记录等,做好现场安全巡查记录,及时归档各类安全台账。

二、隐患排查与整改监督

1. 每天对各生产区域进行安全隐患排查,排查隐患时要认真、细致、彻底。

2. 排查出来的安全隐患,要做好记录并及时通知相关责任人进行整改。

3. 要及时跟踪隐患整改工作。

4. 排查出的重大隐患,暂时无法解决的要采取有效防范措施,及时上报给主管领导。

三、违章行为查处

1. 每天对企业内所有员工进行安全生产检查，对于违章者一定要进行批评教育，必要时视其违章程度进行处罚。

2. 及时对危险岗位进行安全检查，如有违章操作要及时制止、纠正，必要时给予处罚。

3. 随时检查员工在岗劳动纪律情况。

四、安全培训与宣教

1. 配合相关部门做好新员工的安全教育培训工作。

2. 配合相关部门做好消防安全、岗位安全技能、安全意识等培训工作。

3. 每天对班组调岗人员进行安全教育培训抽查，及时与各班组长沟通，询问有无人员调岗、换岗，有无新员工等，掌握现场人员的作业情况。

4. 对工伤、长期病假复工人员及时进行安全培训、跟踪检查。

五、其他相关工作

1. 工伤事故的处理。发生工伤事故时，首先要及时将伤员送到医院救治，然后到事发现场详细调查事故发生原因，并填写书面事故报告上报主管领导。

2. 做好各种安全检查记录并存档。

3. 跟踪有毒有害作业岗位人员的上岗前、在岗期间、应急性与离换岗位职业健康检查工作，并做好档案管理工作。

4. 组织与配合相关部门做好定期安全会议工作。

5. 制订各项安全工作计划并组织实施。
6. 配合相关部门编制岗位安全操作规程与作业指导书。
7. 做好劳动防护用品的申请、配置、发放工作,并记录存档。
8. 配合政府部门、客户及其他部门做好相关安全检查工作。
9. 及时落实与传达政府部门、本企业新下达的安全政策、文件等。
10. 完成上级制定的其他安全事务。

第三节　安全教育培训制度

一、安全教育培训的分类

安全教育培训可以根据培训对象和培训内容的不同进行分类。

1. 根据培训对象划分

（1）对新员工实行的三级安全教育。

（2）对特种作业人员的安全教育。

（3）新岗位、新技术的培训。

（4）对行政、技术管理干部的培训。

（5）对企业安全负责人和安全管理人员安全管理资格的培训。

（6）对外来人员、严重违章人员相应的安全培训。

（7）相关法律法规变化后对管理人员和员工的培训。

2. 根据培训内容划分

（1）安全意识培训。

（2）安全生产知识培训。

（3）安全管理理论和方法培训。

二、具体培训内容

1. 三级安全教育

三级安全教育指厂级安全教育、车间级安全教育、班组级安全教育。新入厂员工只有经过三级安全教育并经逐级考核全部合格后，方可上岗。三级安全教育成绩应填入员工安全教育卡，存档备查。离岗1年以上重新上岗的员工应重新进行三级安全教育。

（1）厂级安全教育

厂级安全教育是三级安全教育的一个重要内容，一般由企业人力资源部门及培训部门负责组织安排。主要内容包括：党和国家有关安全生产的方针、政策、法规；本企业的安全生产情况；一般安全防护知识；本企业的安全生产组织机构及主要安全生产规章制度等。

新入厂员工必须全部进行教育，教育后要进行考核，成绩不合格者要重新进行教育，直至合格。

（2）车间级安全教育

各车间有不同的生产特点和不同的重要岗位、危险区域和设备，在进行车间级安全教育时，应根据各车间的特点为员工详细介绍安全技术基础知识以及消防安全知识，同时还应介绍车间安全生产和文明生产的相关制度。

车间级安全教育由车间（队）主任（队长）或主管安全的负责人负责。

（3）班组级安全教育

班组级安全教育主要为员工介绍本班组生产概况、特点、范围、作业环境、设备状况、消防设施；讲解本岗位使用的机械设备、工器具的性能，防护装置的作用和使用方法；讲解本工种安全操作规程和岗位责任及有关安全注意事项；讲解正确使用劳动防护用品及其保管方法和文明生产的要求。

班组级安全教育的重点是岗位安全基础教育，主要由班组长和安全员负责。安全操作方法和生产技能教育可由安全员、培训员或老员工传授。

2. 特种作业人员培训

对新员工除了进行三级安全教育外，还需要对特种作业人员进行培训。特种作业人员是指从事极易发生伤亡事故工作的作业人员，这种工作不仅可能会给本人造成伤害，还可能会危害到其他作业人员，如电工、起重工、焊接工、车辆驾驶员、爆破工等。特种作业人员不仅要接受专门的安全培训，还必须取得资格证书后，方能独立工作。

3. 主题安全教育

主题安全教育主要有安全生产月、安全活动日、安全会议、班前班后会、讲座、座谈、现场事故分析会、安全教育会、安全知识竞赛等。开展主题安全教育时，应注意针对特定主题和对象开展活动。

4. "新技术、新工艺"安全教育

"新技术、新工艺"安全教育是指采用新技术、新工艺的作业人员必须接受的关于从事该作业的安全技术知识教育，在未掌握基本性能和安全知识前不可以单独操作。

5. 复工、调岗人员安全教育

复工安全教育，主要是针对离开操作岗位较长时间的员工进行的安全教育。一般因各种假期离开操作岗位一个月以上者，都要由班组长或安全员对其进行复工安全教育。接受完复工安全教育的员工，由班组长出具"复工通知单"交给复工者，工段、班组接到本人送交的"复工通知单"后，方可安排其工作。

调岗安全教育，是员工临时性调动工种（或岗位），由接收班组进行所担任工种的安全教育。

第四节　安全检查制度

一、安全检查的目的和意义

安全检查是一个发现和查明各种危险和隐患并督促整改，监督各项安全生产规章制度的实施以及制止违章行为的过程。安全检查是安全生产管理中必不可少的重要环节。

二、安全检查的内容

1. 查物的状态是否安全

检查生产设备、工具、安全设施、劳动防护用品、生产作业场所以及生产物料的存储是否符合要求。

2. 查人的行为是否安全

检查是否有违章指挥、违章操作、违反安全生产规章制度的行为。重点检查危险性大的生产岗位是否严格按操作规程作业，危险作业是否执行了审批程序。

3. 查安全管理制度是否完善

检查安全生产规章制度是否建立健全，安全生产责任制是否落实，安全生产目标和工作计划是否落实到各部门、各岗位，安全教育是否经常开展并使员工安全素质得到提高，安全检查是否制度化、规范化，检查发现的事故隐患是否及时整改，实施安全技术与措施计划的经费是否落实，是否按"四不放过"（事故原因未查清不放过、责任人员未处理不放过、整改措施未落实不放过、有关人员未受到教育不放过）的原则做好事故管理工作。

三、安全检查的形式

1. 生产岗位日常检查

生产岗位员工每日操作前，应对自己的岗位进行自检，确定安全才可以操作。日常检查以检查物的状况是否安全为主，主要包括以下四个方面：

（1）设备状态是否完好，安全防护是否有效。

（2）工器具是否符合安全规定，劳动防护用品是否齐备、可靠。

（3）作业场所和物品放置是否符合安全规定。

（4）安全措施是否完备，操作要求是否明确。

检查中发现的问题，应予以解决后方可作业，如自己无法处理或无把握的，应立即向班组长报告，待问题解决后再作业。

2. 安全管理人员日常巡查

安全管理人员每天应到生产现场巡查,检查内容包括以下三个方面:

(1)作业场所是否符合安全要求。

(2)作业人员是否遵守安全操作规程,是否有违章违纪行为。

(3)协助岗位员工解决安全生产方面的问题。

3. 定期综合性安全检查

厂级检查每年不少于两次,车间检查每个季度一次。厂级的综合性安全检查是以厂级和车间、部门负责人为主,安全管理人员、职工代表参加,组成检查组,按事先制订的检查计划进行,主要检查各车间、部门的安全生产工作开展情况,管理是否到位;检查安全生产责任制的落实情况;检查各级领导思想上是否重视安全工作、行动上是否认真贯彻"安全第一、预防为主、综合治理"的方针;检查企业安全生产计划的执行情况、安全目标管理的实施情况、各项安全管理工作(包括宣传教育、安全检查、重大危险源监控、隐患整改等）开展情况、应急预案的落实情况，以及各类事故（包括未遂事故）是否按"四不放过"原则进行处理。同时，检查生产设备的安全状况，重点检查主要危险源、安全生产要害部位的安全状况。检查应按安全检查表的内容逐项进行，并对检查情况做出记录。对检查发现的隐患要发出整改通知，通知包括整改内容、期限和责任人，期满后对整改情况进行复查。检查组应针对检查发现的问题进行分析，研究解决办法，同时根据检查所了解到的情况评估公司、车间的安全状况，继而研究改善安全生产管理措施。车间对班组的检查亦遵循以上程序。

4. 专项安全检查

对易发生安全事故的特种设备、特殊作业场所或特殊操作工序，除进行综合性安全检查外，还应组织有关专业技术人员、管理人员、作业人员或委托有资格的相关安全评价单位，进行专项安全检查。

专项安全检查应重点对电气焊、起重机、运输车辆、锅炉及各种压力容器等设备，各种反应罐（釜）、易燃易爆场所等特殊场所进行检查。必要时要对某些设备或操作进行长时间的观察和检查，对相关设备运行情况、作业人员操作情况、调试及维修等情况、安全防护措施及劳动防护用品使用情况等进行连续检查，发现问题应及时纠正，并采取相应的防范措施。

5. 季节性安全检查

不同的季节会有不同的气候，也会给安全带来一定的影响。季节性安全检查的内容是检查不利气候因素导致事故的预防措施是否落实，如雷雨季节检查防雷设施，潮湿季节检查漏电保护等。

第五节　事故报告和事故管理

一、事故报告程序

生产经营单位发生生产安全事故后,事故现场有关人员应当立即报告本单位负责人。

单位负责人接到事故报告后,应当迅速采取有效措施,组织抢救,防止事故扩大,减少人员伤亡和财产损失,并按照国家有关规定立即如实报告当地负有安全生产监督管理职责的部门,不得隐瞒不报、谎报或者迟报,不得故意破坏事故现场、毁灭有关证据。

负有安全生产监督管理职责的部门接到事故报告后,应当立即按照国家有关规定上报事故情况。负有安全生产监督管理职责的部门和有关地方人民政府对事故情况不得隐瞒不报、谎报或者迟报。

有关地方人民政府、负有安全生产监督管理职责的部门,发现对生产安全事故隐瞒不报、谎报或者迟报的,应对直接负责的主管人员和其他直接责任人员依法给予处分；构成犯罪的，依照《刑法》有关规定追究刑事责任。

二、事故管理

1. 事故等级划分

根据《生产安全事故报告和调查处理条例》的规定，根据生产安全事故造成的人员伤亡或者直接经济损失，事故划分为特别重大事故、重大事故、较大事故和一般事故四个等级。

特别重大事故，是指造成 30 人以上死亡，或者 100 人以上重伤，或者 1 亿元以上直接经济损失的事故。

重大事故，是指造成 10 人以上 30 人以下死亡，或者 50 人以上 100 人以下重伤，或者 5 000 万元以上 1 亿元以下直接经济损失的事故。

较大事故，是指造成 3 人以上 10 人以下死亡，或者 10 人以上 50 人以下重伤，或者 1 000 万元以上 5 000 万元以下直接经济损失的事故。

一般事故，是指造成 3 人以下死亡，或者 10 人以下重伤，或者 1 000 万元以下直接经济损失的事故。

其中，事故造成的急性工业中毒，也属于重伤的范围。

2. 工伤范围

职工有以下七种情形之一的，应当认定为工伤。

（1）在工作时间和工作场所内，因工作原因受到事故伤害的。

（2）工作时间前后在工作场所内，从事与工作有关的预备性或者收尾性工作受到事故伤害的。

（3）在工作时间和工作场所内，因履行工作职责受到暴力等意外伤害的。

（4）患职业病的。

（5）因工外出期间，由于工作原因受到伤害或者发生事故下落不明的。

（6）在上下班途中，受到非本人主要责任的交通事故或者城市轨道交通、客运轮渡、火车事故伤害的。

（7）法律、行政法规规定应当认定为工伤的其他情形。

职工有以下三种情形之一的，视同工伤。

（1）在工作时间和工作岗位，突发疾病死亡或者在48小时之内经抢救无效死亡的。

（2）在抢险救灾等维护国家利益、公共利益活动中受到伤害的。

（3）职工原在军队服役，因战、因公负伤致残，已取得革命伤残军人证，到用人单位后旧伤复发的。

第2章 隐患排查

第一节　企业隐患排查治理的基本形式与频次

一、隐患排查形式

隐患排查包括日常排查、综合性排查、专业性排查、季节性排查、重点时段及节假日前排查、事故类比排查、复工复产前排查和外聘专家诊断式排查等。

1. 日常排查

日常排查是指基层单位班组、岗位员工的交接班检查和班中巡回检查，以及基层单位（厂）管理人员和各专业技术人员的日常性检查。日常排查要加强对关键装置、重点部位、关键环节、重大危险源的检查和巡查。

2. 综合性排查

综合性排查是指以安全生产责任制、各项专业管理制度、安全生产管理制度和化工过程安全管理各要素落实情况为重点开展的全面检查。

3. 专业性排查

专业性排查是指对工艺、设备、电气、仪表、储运、消防和公用工程等专业性强的系统进行的检查。

4. 季节性排查

季节性排查是指根据各季节特点开展的专项检查，主要包括：春季以防雷、防静电、防解冻泄漏、防解冻坍塌为重点，夏季以防雷暴、防设备容器超温超压、防台风、防洪、防暑降温为重点，秋季以防雷暴、防火、防静电、防凝保温为重点，冬季以防火、防爆、防雪、防冻、防凝、防滑、防静电为重点。

5. 重点时段及节假日前排查

重点时段及节假日前排查是指在重大活动、重点时段和节假日前，对生产装置是否存在异常状况和事故隐患、备用设备状态、备品备件、生产及应急物资储备、保运力量安排、安全保卫、应急、消防等方面进行的检查，特别是要对节假日期间领导干部带班值班、机电仪保运及紧急抢修力量安排进行重点检查。

6. 事故类比排查

事故类比排查是指对企业内或同类企业发生生产安全事故后举一反三的安全检查。

7. 复工复产前排查

复工复产前排查是指因节假日、设备大检修、生产原因等停产较长时间，在重新恢复生产前，对人员培训，生产工艺、设备设施进行综合性隐患排查。

8. 外聘专家诊断式排查

外聘专家诊断式排查是指聘请外部专家对企业进行的隐患排查。

二、隐患排查频次

1. 基本要求

（1）装置操作人员现场巡检间隔不得大于 2 小时，涉及"两重点一重大"（重点监管的危险化工工艺、重点监管的危险化学品和重大危险源）的生产、储存装置和部位的操作人员现场巡检间隔不得大于 1 小时。

（2）基层车间（装置）直接管理人员（工艺、设备技术人员），电气、仪表操作人员每天至少两次对装置现场进行相关专业检查。

（3）基层车间应结合班组安全活动，至少每周组织一次安全隐患排查；基层单位（厂）应结合岗位责任制检查，至少每月组织一次安全隐患排查。

（4）企业应根据季节性特征及本单位的生产实际需要，每季度开展一次有针对性的季节性安全隐患排查；重大活动、重点时段及节假日前必须进行安全隐患排查。

（5）企业至少每半年组织一次，基层单位至少每季度组织一次综合性排查和专业性排查，两者可结合进行。

（6）当同类企业发生生产安全事故时，应举一反三，及时进行事故类比安全隐患专项排查。

2. 当发生以下情形之一时，应根据情况及时组织进行相关专业性排查。

（1）公布实施了有关新法律、法规、标准、规范或适用法律、法规、标准、规范重新修订的。

（2）组织机构和人员发生重大调整的。

（3）设备、公用工程发生重大改变的。

（4）外部安全生产环境发生重大变化的。

（5）发生生产安全事故或对生产安全事故、事件有新认识的。

（6）气候条件发生大的变化或预报可能发生重大自然灾害前。

三、"两重点一重大"的生产、储存装置风险辨识

企业对涉及"两重点一重大"的生产、储存装置运用（危险与可操作性）方法进行安全风险辨识分析，一般每3年开展一次；对涉及"两重点一重大"和首次工业化设计的建设项目，应在基础设计阶段开展危险与可操作性分析工作；对其他生产、储存装置的安全风险辨识分析，针对装置不同的复杂程度，每5年进行一次。

第二节 重大生产安全事故隐患判定标准

一、化工和危险化学品生产经营单位重大事故隐患判定标准

1.《化工和危险化学品生产经营单位重大生产安全事故隐患判定标准（试行）》（安监总管三〔2017〕121号）中明确，依据有关法律法规、部门规章和国家标准，以下情形应当判定为重大事故隐患。

（1）危险化学品生产、经营单位主要负责人和安全生产管理人员未依法经考核合格。

（2）特种作业人员未持证上岗。

（3）涉及"两重点一重大"的生产装置、储存设施外部安全防护距离不符合国家标准要求。

（4）涉及重点监管危险化工工艺的装置未实现自动化控制，系统未实现紧急停车功能，装备的自动化控制系统、紧急停车系统未投入使用。

（5）构成一级、二级重大危险源的危险化学品罐区未实现紧急切断功能；涉及毒性气体、液化气体、剧毒液体的一级、二级重大危险源的危险化学品罐区未配备独立的安全仪表系统。

（6）全压力式液化烃储罐未按国家标准设置注水措施。

（7）液化烃、液氨、液氯等易燃易爆、有毒有害液化气体的充装未使用万向管道充装系统。

（8）光气、氯气等剧毒气体及硫化氢气体管道穿越除厂区（包括化工园区、工业园区）外的公共区域。

（9）地区架空电力线路穿越生产区且不符合国家标准要求。

（10）在役化工装置未经正规设计且未进行安全设计诊断。

（11）使用淘汰落后安全技术工艺、设备目录列出的工艺、设备。

（12）涉及可燃和有毒有害气体泄漏的场所未按国家标准设置检测报警装置，爆炸危险场所未按国家标准安装使用防爆电气设备。

（13）控制室或机柜间面向具有火灾、爆炸危险性装置一侧不满足国家标准关于防火防爆的要求。

（14）化工生产装置未按国家标准要求设置双重电源供电，自动化控制系统未设置不间断电源。

（15）安全阀、爆破片等安全附件未正常投用。

（16）未建立与岗位相匹配的全员安全生产责任制或者未制定实施生产安全事故隐患排查治理制度。

（17）未制定操作规程和工艺控制指标。

（18）未按照国家标准制定动火、进入受限空间等特殊作业管理制度，或者制度未有效执行。

（19）新开发的危险化学品生产工艺未经小试、中试、工业化试验直接进行工业化生产；国内首次使用的化工工艺未经过省级人民政府有

关部门组织的安全可靠性论证；新建装置未制定试生产方案投料开车；精细化工企业未按规范性文件要求开展反应安全风险评估。

（20）未按国家标准分区分类储存危险化学品，超量、超品种储存危险化学品，相互禁配物质混放混存。

2.《危险化学品企业安全风险隐患排查治理导则》中明确了暂扣或吊销安全生产许可证的六个条件，应当视同重大事故隐患。

（1）主要负责人、分管安全负责人和安全生产管理人员未依法取得安全合格证书。

（2）涉及危险化工工艺的特种作业人员未取得特种作业操作证、未取得高中或者相当于高中及以上学历。

（3）在役化工装置未经具有资质的单位设计且未通过安全设计诊断。

（4）外部安全防护距离不符合国家标准要求，存在重大外溢风险。

（5）涉及"两重点一重大"装置或储存设施的自动化控制设施不符合《危险化学品重大危险源监督管理暂行规定》（国家安全监管总局令第40号）等国家要求。

（6）化工装置、危险化学品设施"带病"运行。

二、烟花爆竹生产经营单位重大事故隐患判定标准

《烟花爆竹生产经营单位重大生产安全事故隐患判定标准（试行）》（安监总管三〔2017〕121号）中明确，依据有关法律法规、部门规章和国家标准，以下情形应当判定为重大事故隐患。

1. 主要负责人、安全生产管理人员未依法经考核合格。
2. 特种作业人员未持证上岗，作业人员带药检维修设备设施。
3. 职工自行携带工器具、机器设备进厂进行涉药作业。

4. 工（库）房实际作业人员数量超过核定人数。

5. 工（库）房实际滞留、存储药量超过核定药量。

6. 工（库）房内、外部安全距离不足，防护屏障缺失或者不符合要求。

7. 防静电、防火、防雷设备设施缺失或者失效。

8. 擅自改变工（库）房用途或者违规私搭乱建。

9. 工厂围墙缺失或者分区设置不符合国家标准。

10. 将氧化剂、还原剂同库储存、违规预混或者在同一工房内粉碎、称量。

11. 在用涉药机械设备未经安全性论证或者擅自更改、改变用途。

12. 中转库、药物总库和成品总库的存储能力与设计产能不匹配。

13. 未建立与岗位相匹配的全员安全生产责任制或者未制定实施生产安全事故隐患排查治理制度。

14. 出租、出借、转让、买卖、冒用或者伪造许可证。

15. 生产经营的产品种类、危险等级超许可范围或者生产使用违禁药物。

16. 分包、转包生产线、工房、库房组织生产经营。

17. 一证多厂或者多股东各自独立组织生产经营。

18. 许可证过期、整顿改造、恶劣天气等停产停业期间组织生产经营。

19. 烟花爆竹仓库存放其他爆炸物等危险物品或者生产经营违禁超标产品。

20. 零售点与居民居住场所设置在同一建筑物内或者在零售场所使用明火。

三、金属非金属矿山重大事故隐患判定标准

《金属非金属矿山重大生产安全事故隐患判定标准（试行）》（安监总管一〔2017〕98号）规定以下情形应当判定为重大事故隐患。

1. 金属非金属地下矿山重大生产安全事故隐患

（1）安全出口不符合国家标准、行业标准或设计要求。

（2）使用国家明令禁止使用的设备、材料和工艺。

（3）相邻矿山的井巷相互贯通。

（4）没有及时填绘图，现状图与实际严重不符。

（5）露天转地下开采，地表与井下形成贯通，未按照设计要求采取相应措施。

（6）地表水系穿过矿区，未按照设计要求采取防治水措施。

（7）排水系统与设计要求不符，导致排水能力降低。

（8）井口标高在当地历史最高洪水位1米以下，未采取相应防护措施。

（9）水文地质类型为中等及复杂的矿井没有设立专门防治水机构、配备探放水作业队伍或配齐专用探放水设备。

（10）水文地质类型复杂的矿山关键巷道防水门设置与设计要求不符。

（11）有自燃发火危险的矿山，未按照国家标准、行业标准或设计采取防火措施。

（12）在突水威胁区域或可疑区域进行采掘作业，未进行探放水。

（13）受地表水倒灌威胁的矿井在强降雨天气或其来水上游发生洪水期间，不实施停产撤人。

（14）相邻矿山开采错动线重叠，未按照设计要求采取相应措施。

（15）开采错动线以内存在居民村庄，或存在重要设备设施时未按照设计要求采取相应措施。

（16）擅自开采各种保安矿柱或其形式及参数劣于设计值。

（17）未按照设计要求对生产形成的采空区进行处理。

（18）具有严重地压条件，未采取预防地压灾害措施。

（19）巷道或者采场顶板未按照设计要求采取支护措施。

（20）矿井未按照设计要求建立机械通风系统，或风速、风量、风质不符合国家标准或行业标准的要求。

（21）未配齐具有矿用产品安全标志的便携式气体检测报警仪和自救器。

（22）提升系统的防坠器、阻车器等安全保护装置或信号闭锁措施失效；未定期试验或检测检验。

（23）一级负荷没有采用双回路或双电源供电，或单一电源不能满足全部一级负荷需要。

（24）地面向井下供电的变压器或井下使用的普通变压器采用中性接地。

2. 金属非金属露天矿山重大生产安全事故隐患

（1）地下转露天开采，未探明采空区或未对采空区实施专项安全技术措施。

（2）使用国家明令禁止使用的设备、材料和工艺。

（3）未采用自上而下、分台阶或分层的方式进行开采。

（4）工作帮坡角大于设计工作帮坡角，或台阶（分层）高度超过设计高度。

（5）擅自开采或破坏设计规定保留的矿柱、岩柱和挂帮矿体。

（6）未按国家标准或行业标准对采场边坡、排土场稳定性进行评估。

（7）高度 200 米及以上的边坡或排土场未进行在线监测。

（8）边坡存在滑移现象。

（9）上山道路坡度大于设计坡度 10% 以上。

（10）封闭圈深度 30 米及以上的凹陷露天矿山，未按照设计要求建设防洪、排洪设施。

（11）雷雨天气实施爆破作业。

（12）危险级排土场。

3. 尾矿库重大生产安全事故隐患

（1）库区和尾矿坝上存在未按批准的设计方案进行开采、挖掘、爆破等活动。

（2）坝体出现贯穿性横向裂缝，且出现较大范围管涌、流土变形，坝体出现深层滑动迹象。

（3）坝外坡坡比陡于设计坡比。

（4）坝体超过设计坝高，或超设计库容储存尾矿。

（5）尾矿堆积坝上升速率大于设计堆积上升速率。

（6）未按法规、国家标准或行业标准对坝体稳定性进行评估。

（7）浸润线埋深小于控制浸润线埋深。

（8）安全超高和干滩长度小于设计规定。

（9）排洪系统构筑物严重堵塞或坍塌，导致排水能力急剧下降。

（10）设计以外的尾矿、废料或者废水进库。

（11）多种矿石性质不同的尾砂混合排放时，未按设计要求进行排放。

（12）冬季未按照设计要求采用冰下放矿作业。

四、冶金行业重大生产安全事故隐患判定标准

根据《工贸行业重大生产安全事故隐患判定标准（2017版）》（安监总管四〔2017〕129号），以下隐患应当判定为重大生产安全事故隐患。

1. 会议室、活动室、休息室、更衣室等场所设置在铁水、钢水与液渣吊运影响的范围内。

2. 炼钢厂在吊运重罐铁水、钢水或液渣时，未使用固定式龙门钩的铸造起重机，龙门钩横梁、耳轴销和吊钩、钢丝绳及其端头固定零件，未进行定期检查，发现问题未及时整改。

3. 盛装铁水、钢水与液渣的罐（包、盆）等容器耳轴未按国家标准规定要求定期进行探伤检测。

4. 冶炼、熔炼、精炼生产区域的安全坑内及熔体泄漏、喷溅影响范围内存在积水，放置有易燃易爆物品。金属铸造、连铸、浇铸流程未设置铁水罐、钢水罐、溢流槽、中间溢流罐等高温熔融金属紧急排放和应急储存设施。

5. 炉、窑、槽、罐类设备本体及附属设施未定期检查，出现严重焊缝开裂、腐蚀、破损、衬砖损坏、壳体发红及明显弯曲变形等未报修或报废，仍继续使用。

6. 氧枪等水冷元件未配置出水温度与进出水流量差检测、报警装置及温度监测，未与炉体倾动、氧气开闭等联锁。

7. 煤气柜建设在居民稠密区，未远离大型建筑、仓库、通信和交通枢纽等重要设施；附属设备设施未按防火防爆要求配置防爆型设备；柜顶未设置防雷装置。

8. 煤气区域的值班室、操作室等人员较集中的地方，未设置固定

式一氧化碳监测报警装置。

9. 高炉、转炉、加热炉、煤气柜、除尘器等设施的煤气管道未设置可靠隔离装置和吹扫设施。

10. 煤气分配主管上支管引接处，未设置可靠的切断装置；车间内各类燃气管线，在车间入口未设置总管切断阀。

11. 金属冶炼企业主要负责人和安全生产管理人员未依法经考核合格。

五、有色行业重大生产安全事故隐患判定标准

根据《工贸行业重大生产安全事故隐患判定标准（2017版）》（安监总管四〔2017〕129号），以下隐患应当判定为重大生产安全事故隐患。

1. 吊运铜水等熔融有色金属及渣的起重机不符合冶金起重机的相关要求；横梁、耳轴销和吊钩、钢丝绳及其端头固定零件，未进行定期检查，发现问题未及时处理。

2. 会议室、活动室、休息室、更衣室等场所设置在铜水等熔融有色金属及渣的吊运影响范围内。

3. 盛装铜水等熔融有色金属及渣的罐（包、盆）等容器耳轴未定期进行检测。

4. 铜水等高温熔融有色金属冶炼、精炼、铸造生产区域的安全坑内及熔体泄漏、喷溅影响范围内存在非生产性积水；熔体容易喷溅到的区域，放置有易燃易爆物品。

5. 铜水等熔融有色金属铸造、浇铸流程未设置紧急排放和应急储存设施。

6. 高温工作的熔融有色金属冶炼炉窑、铸造机、加热炉及水冷元

件未设置应急冷却水源等冷却应急处置措施。

7. 冶炼炉窑的水冷元件未配置温度、进出水流量差检测及报警装置；未设置防止冷却水大量进入炉内的安全设施（如：快速切断阀等）。

8. 炉、窑、槽、罐类设备本体及附属设施未定期检查，出现严重焊缝开裂、腐蚀、破损、衬砖损坏、壳体发红及明显弯曲变形等未报修或报废仍继续使用。

9. 使用煤气（天然气）的烧嘴等燃烧装置，未设置防突然熄火或点火失败的快速切断阀，以切断煤气（天然气）。

10. 金属冶炼企业主要负责人和安全生产管理人员未依法经考核合格。

六、建材行业重大生产安全事故隐患判定标准

根据《工贸行业重大生产安全事故隐患判定标准（2017版）》（安监总管四〔2017〕129号），以下隐患应当判定为重大生产安全事故隐患。

1. 水泥工厂煤磨袋式收尘器（或煤粉仓）未设置温度和一氧化碳监测，或未设置气体灭火装置。

2. 水泥工厂筒型储存库人工清库作业外包给不具备高空作业工程专业承包资质的承包方且作业前未进行风险分析。

3. 燃气窑炉未设置燃气低压警报器和快速切断阀，或易燃易爆气体聚集区域未设置监测报警装置。

4. 纤维制品三相电弧炉、电熔制品电炉，水冷构件泄漏。

5. 进入筒型储库、磨机、破碎机、箅冷机、各种焙烧窑等有限空间作业时，未采取有效的防止电气设备意外启动、热气涌入等隔离防护措施。

6. 玻璃窑炉、玻璃锡槽，水冷、风冷保护系统存在漏水、漏气，

未设置监测报警装置。

七、机械行业重大生产安全事故隐患判定标准

根据《工贸行业重大生产安全事故隐患判定标准（2017版）》（安监总管四〔2017〕129号），以下隐患应当判定为重大生产安全事故隐患。

1. 会议室、活动室、休息室、更衣室等场所设置在熔炼炉、熔融金属吊运和浇注影响范围内。

2. 吊运熔融金属的起重机不符合冶金铸造起重机技术条件，或驱动装置中未设置两套制动器。吊运浇注包的龙门钩横梁、耳轴销和吊钩等零件，未进行定期探伤检查。

3. 铸造熔炼炉炉底、炉坑及浇注坑等作业坑存在潮湿、积水状况，或存放易燃易爆物品。

4. 铸造熔炼炉冷却水系统未配置温度、进出水流量检测报警装置，没有设置防止冷却水进入炉内的安全设施。

5. 天然气（煤气）加热炉燃烧器操作部位未设置可燃气体泄漏报警装置，或燃烧系统未设置防突然熄火或点火失败的安全装置。

6. 使用易燃易爆稀释剂（如天拿水）清洗设备设施，未采取有效措施及时清除集聚在地沟、地坑等有限空间内的可燃气体。

7. 涂装调漆间和喷漆室未规范设置可燃气体报警装置和防爆电气设备设施。

八、轻工行业重大生产安全事故隐患判定标准

根据《工贸行业重大生产安全事故隐患判定标准（2017版）》（安监总管四〔2017〕129号），以下隐患应当判定为重大生产安全事故隐患。

1. 食品制造企业涉及烘制、油炸等设施设备，未采取防过热自动报警切断装置和隔热防护措施。

2. 白酒储存、勾兑场所未规范设置乙醇浓度检测报警装置。

3. 纸浆制造、造纸企业使用水蒸气或明火直接加热钢瓶汽化液氯。

4. 日用玻璃、陶瓷制造企业燃气窑炉未设燃气低压警报器和快速切断阀，或易燃易爆气体聚集区域未设置监测报警装置。

5. 日用玻璃制造企业炉、窑类设备本体及附属设施出现开裂、腐蚀、破损、衬砖损坏、壳体发红及明显弯曲变形。

6. 喷涂车间、调漆间未规范设置通风装置和防爆电气设备设施。

九、纺织行业重大生产安全事故隐患判定标准

根据《工贸行业重大生产安全事故隐患判定标准（2017版）》（安监总管四〔2017〕129号），以下隐患应当判定为重大生产安全事故隐患。

1. 纱、线、织物加工的烧毛、开幅、烘干等热定型工艺的汽化室、燃气储罐、储油罐、热媒炉等未与生产加工、人员密集场所明确分开或单独设置。

2. 保险粉、双氧水、亚氯酸钠、雕白粉（吊白块）等危险品与禁忌物料混合储存；保险粉露天堆放，或储存场所未采取防水、防潮等措施。

十、烟草行业重大生产安全事故隐患判定标准

根据《工贸行业重大生产安全事故隐患判定标准（2017版）》（安监总管四〔2017〕129号），以下隐患应当判定为重大生产安全事故隐患。

1. 熏蒸杀虫作业前，未确认无关人员全部撤离仓库，且作业人员未配置防毒面具。

2. 使用液态二氧化碳制造膨胀烟丝的生产线和场所，未设置二氧化碳浓度报警仪、燃气浓度报警仪、紧急联动排风装置。

十一、商贸行业重大生产安全事故隐患判定标准

根据《工贸行业重大生产安全事故隐患判定标准（2017版）》（安监总管四〔2017〕129号），以下隐患应当判定为重大生产安全事故隐患。

在房式仓、筒仓及简易仓囤进行粮食进出仓作业时，未按照作业标准步骤或未采取有效防护措施作业。

十二、存在粉尘爆炸危险的行业领域重大生产安全事故隐患判定标准

根据《工贸行业重大生产安全事故隐患判定标准（2017版）》（安监总管四〔2017〕129号），以下隐患应当判定为重大生产安全事故隐患。

1. 粉尘爆炸危险场所设置在非框架结构的多层建构筑物内，或与居民区、员工宿舍、会议室等人员密集场所安全距离不足。

2. 可燃性粉尘与可燃气体等易加剧爆炸危险的介质共用一套除尘系统，不同防火分区的除尘系统互联互通。

3. 干式除尘系统未规范采用泄爆、隔爆、惰化、抑爆等任一种控爆措施。

4. 除尘系统采用正压吹送粉尘，且未采取可靠的防范点火源的措施。

5. 除尘系统采用粉尘沉降室除尘，或者采用干式巷道式构筑物作为除尘风道。

6. 铝镁等金属粉尘及木质粉尘的干式除尘系统未规范设置锁气卸

灰装置。

7. 粉尘爆炸危险场所的 20 区未使用防爆电气设备设施。

8. 在粉碎、研磨、造粒等易于产生机械点火源的工艺设备前,未按规范设置去除铁、石等异物的装置。

9. 木制品加工企业,与砂光机连接的风管未规范设置火花探测报警装置。

10. 未制定粉尘清扫制度,作业现场积尘未及时规范清理。

十三、使用液氨制冷的行业领域重大生产安全事故隐患判定标准

根据《工贸行业重大生产安全事故隐患判定标准(2017 版)》(安监总管四〔2017〕129 号),以下隐患应当判定为重大生产安全事故隐患。

1. 包装间、分割间、产品整理间等人员较多生产场所的空调系统采用氨直接蒸发制冷系统。

2. 快速冻结装置未设置在单独的作业间内,且作业间内作业人员数量超过 9 人。

十四、有限空间作业相关的行业领域重大生产安全事故隐患判定标准

根据《工贸行业重大生产安全事故隐患判定标准(2017 版)》(安监总管四〔2017〕129 号),以下隐患应当判定为重大生产安全事故重大隐患。

1. 未对有限空间作业场所进行辨识,并设置明显安全警示标志。

2. 未落实作业审批制度,擅自进入有限空间作业。

第3章 作业安全

第一节　电气作业安全

电气作业是指持有"电工操作证"的电工按照电气安全技术的相关规程对电气设备进行安装、修理、拆除等工作，其安全技术措施一般包括停电、验电、接地线、装设遮拦、悬挂警示牌等。

一、电工必须具备的条件

1. 经医生检查无妨碍从事电气作业的病症，如高血压、聋哑、色盲、肢体残疾、功能受限等。

2. 必须经过电工专业安全技术培训，考试合格持特种作业操作证上岗。

3. 了解岗位责任区域内的供电线路及电气设备的性能。

4. 熟悉掌握触电急救方法和事故紧急处理措施。

二、电气作业的安全操作要求

1. 电工上岗必须正确穿戴合格的劳动防护用品，如绝缘鞋、绝缘手套、电工安全带、电工服等。

2. 在使用和保管高、低压辅助绝缘安全用具及劳动防护用具前，要认真检查其外观及试验日期，并做必要的性能检验，破损、失效的一律禁用。对不同电压等级、工作环境、工作对象，要选用参数、性能相匹配的用具，用完后按规定要求存放，所有安全用具及防护用具不许代替其他工具使用。

3. 在供、配电线路及设备上作业时，必须设持证并有经验的监护人员，监护人员不得从事操作或与监护无关的事情。

4. 任何电气线路、设备，未经验电一律视为有电，禁止触摸。需接触操作时，应切断该处电源，并经验电（对电容性设施还应放电）确认，方能作业。对与供、配电网络相联系部分，除进行断电、放电、验电外，还应挂接临时接地线，开关闭锁，防止停电后突然来电。

5. 动力配电盘上的闸刀开关，禁止带负荷拉闸、合闸，必须先将电气设备开关断开后方能操作。手工合（拉）闸刀开关时，应一次合（拉）到位。处理事故时拉开带负荷动力配电盘上的闸刀开关，应戴绝缘手套和防护眼镜，或采取其他防止电弧烧伤和触电的措施。

6. 改造电气设施的结构，元件变更，需经电气技术负责人许可和批准。电工不得自行改变电气设施的原有结构、接线方式及元件参数。

7. 各种电气接线的接头，需保证导通接触面积不小于导线截面积。接线应采用坚固的压接或用工具轧接，不许用手扭接。接头不得松动，防止带电体碰触屏护。

8. 电工必须熟练掌握万用表、钳型电流表及兆欧表的正确使用方法和安全注意事项，使用前合理选择、认真检查、精心调整。操作时既要注意不损坏仪表，又要确保人身安全。用后妥善保管。

9. 使用电动工具时应遵守电动工具的操作要求。严禁将电动工具的外壳接地或将工作零线拧在一起插入插座，必须使用单相三孔、三相四线插座和三芯或四芯橡皮护套电缆。使用Ⅰ类手持电动工具时应配漏电保护装置、隔离变压器，操作人员应戴绝缘手套。

10. 使用虎钳时，虎钳在钳工工作台上必须装置牢固，工件必须卡紧，钳口使用行程不超过其最大行程的2/3。

11. 配线时必须选用合适的剥线钳口，以防损伤线芯。电线长度要适当，禁止有中间接头。

12. 正确使用电气火灾的常用灭火器材。二氧化碳和干粉灭火器的灭火剂不导电，在灭火时，灭火器本体、喷嘴及人体与带电体要保持一定距离：电压在10千伏及以下者不小于0.4米；电压在35千伏及以上者不小于0.6米。使用二氧化碳灭火器时，应保持通风良好，并距灭火区2～3米，同时应注意防止干冰接触皮肤。

三、电气作业现场安全监督要点

1. 电气作业人员是否持证上岗。

2. 电气作业人员是否正确穿戴劳动防护用品。

3. 电气作业是否按照规定断电、放电、验电；是否挂接临时接地线、设置隔离护栏、挂牌上锁。

4. 是否按照规定取得电气作业许可证并按照许可证的要求安全

操作。

5. 电气作业安全距离是否符合要求。

6. 作业现场是否配备合格的灭火器材。

7. 电气接线是否符合电气规程。

8. 是否使用符合安全要求的电气工具。

9. 电气作业是否安排监护人员,监护人员与操作人员分工是否明确。

四、电气作业"十不准"

1. 非持证电工不准装接电气设备。

2. 任何人不准随意触碰电气设备和开关。

3. 破损的电气设备应及时调换,不准使用绝缘损坏的电气设备。

4. 不准利用电热器或灯泡取暖。

5. 设备检修切断电源时,任何人不准启动挂有警告牌的电气设备或接合已闭锁的开关。

6. 不准用水冲洗、擦拭电气设备。

7. 熔丝熔断时,不准调换容量不符的熔丝。

8. 未办手续，不准在埋有电缆的地方进行打桩和动土。

9. 发现有人触电，<u>应立</u>即切断电源进行抢救，未脱离电源前不准直接接触触电者。

10. 雷雨天气，不准接近避雷器和避雷针。

第二节　焊接作业安全

焊接作业属于特种作业，作业人员必须经过专业安全技术培训，考试合格持特种作业操作证方能上岗。为防止焊接灼烫、电焊粉尘、弧光、电焊辐射等危害，作业人员应按照规定穿戴好工作服、绝缘防砸鞋、安全帽、焊接防护手套、电焊防护面罩等劳动防护用品。

一、焊接作业的安全操作要求

1. 焊接与切割作业前的设备工具检查

（1）焊接设备工具检查。应检查电焊机、电源与电源线、焊接电缆、焊接工作接地线等是否良好。交流弧焊机一次电源线必须绝缘良好，不得随地拖拉，长度应不大于5米，进线处必须设置防护罩。焊机二次接线宜采用YHS型橡皮护套铜芯多股软电缆，电缆的长度不应大于30米。

（2）切割设备工具检查。检查确定气体钢瓶、减压阀、气管、割炬、防回火器等完好且连接良好无泄漏。氧气管应为蓝色，乙炔管应为红色，气瓶应直立放置，氧气瓶与乙炔瓶摆放的距离要大于5米；气瓶与切割作业点、明火点、易燃易爆物品的距离要大于10米；作业现场应放置灭火器材。

2. 焊接与切割作业前的场地检查

（1）焊接与切割前检查作业场地，作业场所周围10米范围内不得存放易燃易爆物品，并开启通风装置。

（2）电焊、切割工作场所，为防止弧光辐射、熔渣飞溅影响周围视线，应设置弧光防护室或防护屏。防护屏应选用不燃材料制成，其表面应涂上黑色或深灰色油漆，高度不应低于1.8米，下部应留有25厘米流通空气的空隙。

3. 焊接与切割作业动火证

临时动火作业前或在易燃易爆区域、密闭空间、高空等特殊环境中进行动火作业前，必须申请动火证，并做好安全防护措施，安排好监护人员才能开始动火作业。

4. 焊接作业中的注意事项

（1）焊机的接地装置必须连接良好，定期检测接地系统的电气性能。禁用氧气、乙炔等易燃易爆气体管道、现有金属结构等作为接地装置的自然接地极，防止因电阻热或引弧时冲击电流产生火花而引爆易燃易爆气体。

（2）禁止在焊机上放置任何物件和工具。启动电焊机前，焊钳与焊件不能短路，禁止在气瓶上引弧。

（3）焊接作业中，严禁将焊接电缆缠绕在身体上，防止电缆破损漏电伤人。焊工服汗湿后禁止身体接触焊接工件，防止被电击。焊接、切割现场禁止将焊接电缆、气体胶管、钢绳混绞在一起。

（4）露天作业碰到6级大风或下雨时，应停止焊接、切割作业，防止漏电伤人及火花被风吹至危险区域。任何情况下，禁止裸手更换焊条。

（5）禁止在带有压力、电压以及同时带有压力、电压的容器、罐、柜、管道设备上进行焊接或切割作业。在不可能泄压等特殊情况下切断气源工作时，应向上级主管安全部门申请，批准后方可动火。

（6）补焊盛装过化学品的容器或在化工塔罐里焊接，必须经过置换、气体检测合格后才能开始作业，在密闭空间作业时必须保持通风并有人监护。工作完毕和暂停时，焊炬、割炬和胶管等都应随人进出，禁止放在工作点。

（7）在狭窄和透风不良的地沟、坑道、检查井、管段、容器、半封闭地段等处进行气焊、气割工作时，应在地面上调试焊炬、割炬混合气，点火。禁止在工作地点调试和点火，焊炬、割炬都应随人进出。

（8）在高处从事焊接和切割作业时，应备有梯子、带有栏杆的工作平台、安全带、安全绳、工具袋及完好的工具和防护用品，高处焊接时下方应设置接火盘。

（9）直接在水泥地面上切割金属材料，可能引起周边易燃易爆物品燃烧、爆炸，应有防火花溅射措施。

（10）气瓶和电焊在同一地点使用时，瓶底应垫绝缘物以防气瓶带电。严禁将粘有油脂的手套、棉纱和工具同氧气瓶、瓶阀、减压器及管路等接触。

（11）开启瓶阀时，操作者应站在瓶阀气体喷出方向的侧面并缓慢开启，避免气流对准人体喷出。应使用铜制或合金工具开关气阀，乙炔气瓶最大限定压力为1.56兆帕。

（12）乙炔气瓶使用和存放时，应稳固竖立或装在专用胶轮车上。如要使用卧放的乙炔气瓶，必须先直立20分钟后，再连接减压器。严禁氧气瓶和乙炔气瓶同车放置。

（13）气瓶应避免放在受阳光暴晒、受热源直接辐射或易受电击的地点。禁止使用氧气代替压缩空气吹净工作服、乙炔管道，或用做试压和气动工具的气源。

（14）氧气、乙炔等气瓶，不应放空，气瓶内必须留有余气，以防止空气进入气瓶与下次充装的气体混合，形成达到爆炸范围的混合气体。

（15）割炬/吹管发生回火，要首先关闭乙炔阀门，再关闭氧气瓶阀门，并排去设备内的压力，调查起因并纠正错误，待割炬 / 吹管完全冷却后重新点火。当供气管内气体泄漏时，首先应关闭气瓶或供气系统阀门，中断气体供应，然后通知现场所有作业人员，隔离所有火种，必要时疏散现场人员并通知消防队。

5. 焊接作业结束后的注意事项

焊接作业结束后应关闭焊机电源、气瓶阀门；清理现场，检查现场是否残留带火花的焊渣等；待工件、焊渣等焊接、气割残留物完全冷却后方可离开。

二、焊接作业现场安全监督要点

1. 检查焊接与切割操作人员是否持证上岗。

2. 检查焊接与切割操作人员是否按照规定穿戴好劳动防护用品。

3. 检查临时动火、有限空间动火、危险区域与化工设备动火是否取得动火作业许可证。

4. 检查是否按照动火作业许可证的要求进行作业，现场是否安排专人监护。

5. 检查动火点是否和易燃易爆物品保持安全距离。

6. 检查氧气气瓶与乙炔气瓶之间是否有足够的距离、是否放置安全。

7. 检查狭窄作业空间内是否有通风措施、是否有专人监督。

8. 检查作业人员是否按照安全操作规程进行作业。

9. 检查焊接作业完毕后气瓶阀门是否关闭。

10. 检查焊接切割作业完毕后现场是否清理，焊接、切割熔渣是否安全熄灭。

三、焊接作业"十不焊"

1. 未取得焊工作业操作证不焊。
2. 要害部门和重要场所未经批准不焊。
3. 不了解焊接地点周围情况不焊。
4. 不了解焊接物体内部情况不焊。
5. 盛装过易燃易爆物品的容器不焊。
6. 用可燃材料作保温、隔音的部位不焊。
7. 在密封和有压力的容器管道内不焊。
8. 焊接地点旁有易爆品不焊。
9. 附近有与明火作业相抵触的作业不焊。
10. 禁火区内未办完动火审批手续不焊。

第三节 高处作业安全

高处作业是指在坠落高度基准面 2 米或 2 米以上有可能坠落的高处进行的作业。

一、高处作业的安全操作要求

1. 作业前注意事项

（1）高处作业使用的安全带，应符合《坠落防护 安全带》（GB 6095—2021）的要求。安全带的各种部件不得任意拆除，有损坏的不得使用；安全带应拴挂在垂直上方，无尖锐、无锋利棱角的构件上，不得低挂高用，禁止用普通绳子代替，拴挂必须符合要求。安全帽符合《头

部防护　安全帽》（GB 2811—2019）要求，使用时必须戴稳，系好下颌带。安全鞋应为硬底防滑鞋。使用高处作业劳动防护用品前，应进行检查，确保完好无损方可使用。

（2）高处作业中使用的各种梯子要牢固，放置要平稳，立梯坡度一般以60°～70°为宜，并设防滑装置。梯顶无搭钩、梯脚不能稳固时须有人扶梯监护。人字梯拉绳需牢固。金属梯子不应在电气设备附近使用。梯子应每年检查一次，发现爆裂等不安全因素应立即修理或报废。

（3）在石棉瓦、瓦棱板上作业时，必须铺设牢固、防滑的脚手板。若工作面有坡度，必须加以固定。坑、井、沟、地、吊装孔等都必须有栏杆拦护或盖板防护，盖板必须坚固并盖严。因工作需要移开盖板时，必须加设其他防护措施。

（4）多层交叉作业时，必须戴安全帽，并设置安全网，禁止上下垂直作业。

（5）高处作业所用的工具、零件、材料等必须装入工具袋内，上下梯子时手中不得拿物料，禁止在高处投掷物料、工具，不得将易滑落的工具、物料堆放在脚手架上以防止滑落伤人。

（6）凡高处作业包括其他特种作业（动火、临时用电、受限空间作业等）时应办妥其他特种作业许可证审批手续。

（7）患有各种不适宜登高的职业禁忌证的人员禁止从事高处作业；醉酒、年老体弱、疲劳、视力不佳人员也禁止从事高处作业。

2. 作业期间注意事项

（1）高处作业必须设现场安全监护人。高处作业前，作业人员、安全监护人应认真检查和清理好现场，通道要保持通畅，不得堆放与作业无关的物料。

（2）危险区域要设警告标志或围挡，禁止无关人员通行。进行高处拆卸作业时，一切物品要用吊绳或工具袋吊落，严禁直接抛下。在通道施工时，要临时封锁通道、加防护挡板或防护网，并设警告标志提示绕行。

（3）高处作业应距离高压线 3.5 米以上，并设警告标志提示，防止触电。

（4）高处作业人员要按照设置的通道和扶梯行走，不得贪图方便随便乱走乱攀。

（5）作业人员违反高处作业安全规定，不听劝阻而造成事故的由本人负责，监护人员也要承担一定责任。现场负责人、安全员如发现高处作业人员不按规定作业时，要立即指出，责其改正；经指出仍不改正者，有权停止其作业。

（6）严禁在作业时嬉戏打闹及开过激玩笑等影响注意力的行为。

二、高处作业现场安全监督要点

1. 检查高处作业人员是否符合要求，有无登高禁忌人员从事高处作业。

2. 检查高处作业人员是否正确穿戴劳动防护用品。

3. 检查高处作业是否按照规定取得高处作业许可证。

4. 检查高处作业现场是否做好安全防护措施和安排监护人员。

5. 检查高处作业所用登高工具是否符合安全要求并正确使用。

6. 检查高处作业现场是否存在上下垂直作业。

7. 检查高处作业是否按照安全要求吊取工具材料。

8. 检查高处作业人员是否有徒手攀爬登高的违章行为。

9. 检查高处作业现场是否有影响高处作业的高压线、物料。

三、高处作业"十不准"

1. 患有高血压、心脏病、贫血、癫痫、深度近视等疾病不准登高作业。

2. 无人监护时不准登高作业。

3. 没有戴安全帽、系安全带,不扎紧裤管时不准登高作业。

4. 作业现场有6级以上大风及暴雨、大雪、大雾天气不准登高作业。

5. 脚手架、踏板不牢不准登高作业。

6. 梯子无防滑措施、未穿防滑鞋不准登高作业。

7. 不准攀爬井架、龙门架、脚手架,不能乘坐非载人的垂直运输设备登高作业。

8. 携带笨重物料不准登高作业。

9. 高压线旁无遮拦不准登高作业。

10. 光线不足时不准登高作业。

第四节　受限空间作业安全

通风不良、容易造成有毒有害气体积聚和缺氧的设备、设施和场所均称为受限空间，包括生产区域内炉、塔、釜、罐、仓、槽车、管道、烟道、隧道、下水道、沟、坑、井、池、涵洞等封闭、半封闭的设备、设施及场所。

受限空间作业涉及的行业包括煤矿、非煤矿山、化工、冶金、建筑、电力、造纸、造船、建材、食品加工、餐饮、市政工程、城市燃气、污水处理等。

一、受限空间作业的安全操作要求

1. 进入受限空间作业前的注意事项

（1）进行危害因素辨识

1）是否存在因可燃气体、液体或可燃固体的粉尘引起火灾或爆炸而使正在作业的人员受到伤害的危险。

2）是否存在因有毒、有害气体或缺氧而引起正在作业的人员中毒或窒息的危险。

3）是否存在因任何液体水平位置的升高而引起正在作业的人员发生淹溺的危险。

4）是否存在因固体坍塌而引起正在作业的人员被掩埋或窒息的危险。

5）是否存在因极端的温度、噪声、湿滑的作业面、坠落、尖锐锋利的物体等物理危害而使正在作业的人员受到伤害的危险。

6）是否存在腐蚀性化学品、带电等因素而使正在作业的人员受到伤害的危险。

（2）了解进入受限空间的基本结构与介质，确定进入方案。

（3）作业前需申请受限空间作业许可证，受限空间作业许可证仅用于批准入场，在该空间内进行作业，还需其他作业许可证。

（4）进入前进行气体监测分析，监测要求如下：

1）取样应有代表性，应特别注重作业人员可能工作的区域。

2）取样点应包括受限空间的顶端、中部和底部。

3）取样时应停止任何气体吹扫。

4）测试次序为氧含量、易燃易爆气体、有毒有害气体，受限空间内外的氧浓度应一致。若不一致，在授权进入受限空间之前，应确定偏差的原因。氧浓度应保持在 19.5% ～ 23.5%。

5）受限空间内有毒、有害物质浓度不能超过国家（或所在地）规定的"车间空气中有毒物质的最高允许浓度"的指标。如有一项不合格，不得进入或立即停止作业。

（5）受限空间如含有有毒有害气体，应在进入前进行空间清洗、气体置换等措施，并加设通风装置，如受限空间与有毒有害气体管道相连，应加设盲板或断开以防止有毒有害气体进入。

（6）进入受限空间的作业人员应穿戴劳动防护用品。在特殊情况下，作业人员要佩戴隔离式防护面罩，穿静电服，使用防爆工具、安全电压和安全行灯。照明电压不应大于 12 伏，当使用电动工具的电压或照明电压大于 12 伏时，应按规定安装漏电保护器、接线箱（板）。

（7）应制定应急预案，内容包括作业人员紧急状况时的逃生路线和救护方法、现场应配备的救援设施和灭火器材等。现场人员应熟知应急预案的内容。在受限空间外应配备一定数量符合规定的应急救护器具和灭火器材。救援人员应有专业的救援知识。

（8）受限空间的出入口内外要留有作业人员进出位置空间，便于顺利进出，保证应急状态下人员出入和抢救便利。

2. 进入受限空间作业的注意事项

（1）作业人员必须有人监护。监护人员必须始终与受限空间内人员保持联系，记录并清点出入受限空间作业人员，对照清点、收回进入受限空间作业人员的作业许可证并负责保管，作业结束再逐一清点、对照；监护人员在作业期间，不得离开现场或做与监护无关的事，待确认受限空间内人员全部撤出并在入口处悬挂"禁止入内"警示标志后方可离开。如发现监护人员不履行职责时，应立即停止作业。

（2）要监控受限空间内的静电。将产生静电的设备接地，防止静电累积。

（3）进入受限空间检修的作业人员须严格执行作业许可制度，以及相应的安全技术规范。

（4）定时检测受限空间内是否缺氧或是否存在有毒和爆炸性气体，

根据结果采取对策。

（5）在阴沟或下水道内不能擦眼睛或口鼻，有外伤后应立刻离开，避免细菌或病毒感染。

（6）当受限空间作业中断 4 小时以上时，应对环境条件和安全措施重新予以确认，当作业内容、环境条件变更时，应重新办理受限空间作业许可证。

（7）作业期间如发现异常，应立即停止作业，作业人员全部撤出受限空间，待查明并排除异常，受限空间达到安全条件后，方可再次进入受限空间作业。受限空间内作业人员发现情况异常或感到不适和呼吸困难时，应立即向监护人员发出信号，同时迅速向外撤离，监护人员应指挥并协助撤离，绝对不可在有毒有害、窒息环境中摘下呼吸面罩。

（8）出现有人中毒、窒息的紧急情况时，抢救人员必须佩戴隔离式防护面罩方可进入受限空间，并至少有一人在外部做联络工作，防止错误、盲目的救援增加受害人数。

二、受限空间作业现场安全监督要点

1. 特种作业人员是否持证上岗。
2. 防护措施是否规范。
3. 作业人员和监护人员是否了解现场情况，是否清楚危险源的情况。
4. 是否制定了相应的作业程序、安全防范和应急措施。
5. 是否执行挂牌锁定，是否按照规定申请作业许可证并在现场张贴，是否设置警告围栏，是否严格执行"三不进入"原则。
6. 进入受限空间作业前，是否已经做好工艺处理。
7. 对盛装过能产生自聚物的设备容器，是否做过加热试验。

8. 在缺氧、有毒环境中，作业人员是否佩戴隔离式防毒面罩。

9. 进入受限空间作业是否使用安全电压和安全行灯。

10. 是否使用卷扬机、吊车等运送作业人员。

11. 受限空间内是否存在易燃易爆危险因素。

12. 取样分析是否有代表性、全面性。

13. 带有搅拌器等转动部件的设备，在断电后是否采取了必要的安全防范措施。

14. 是否存在交叉作业。

15. 是否有防止人员误入的措施。

16. 作业场所照明光线是否存在不良或过度的现象。

17. 设备的出入口是否畅通无阻。

18. 受限空间内的通排风是否良好。

19. 进入受限空间需要进行高处作业、动火作业时，是否按相应规定办理了作业许可手续。

20. 是否制定相应的救援措施并在现场配备相应的救援器材与救援人员。

三、受限空间作业"三不进入"原则

1. 没有办理进入受限空间作业许可证不进入

进入受限空间内作业，必须提前一天办理好进入受限空间作业许可证。

2. 安全防护措施没有落实不进入

（1）在缺氧、有毒环境中，佩戴隔离式防毒面具，必要时佩戴救生绳。

（2）在易燃易爆环境中，穿戴防静电工作服、工作鞋，使用防爆低压照明灯及不产生火花的工具。

（3）在酸碱腐蚀性介质环境中，穿戴好防酸碱工作服、工作鞋、手套等劳动防护用品。

（4）在产生噪声的环境中，佩戴耳塞或耳罩等防噪声护具。

（5）工作中始终戴好防毒面具，严禁擅自摘下。

3. 监护人员不在现场不进入

（1）现场应安排专人进行作业安全监护，监护人员不能少于2人。

（2）监护人员应熟悉作业区域的环境和工艺情况，有判断和处理异常情况的能力，掌握急救知识。

（3）监护人员应配备便携式有毒有害气体和氧含量检测报警仪器，通信、救援设备。

（4）监护人员和作业人员必须熟知发生紧急状况时的逃生路线和救护方法，并约定联络信号。

（5）在风险较大的受限空间作业，应增设监护人员，并随时保持与受限空间作业人员的联络。

（6）监护人员严禁脱离岗位，并应掌握受限空间作业人员的人数和身份，在作业前后对人员和工器具进行清点。

（7）作业人员一旦发现异常，应立即向监护人员发出信号，并迅速撤离。

（8）作业人员应服从监护人员指挥，如发现监护人员不履行职责，应立即停止作业并迅速撤离。

第五节　动火作业安全

动火作业是指在存有易燃易爆危险物品的区域内，以及在盛装过易燃易爆物品的容器上，从事任何能直接或间接产生热和火花的工作，如焊接、气割、燃烧、切削、研磨、打磨、钻孔、破碎、锤击及使用不具备本质安全的电气设备和内燃发动机设备。动火作业分为特殊动火作业、一级动火作业和二级动火作业。

一、动火作业的安全操作要求

1. 动火作业前的准备

（1）动火作业前，应确定动火类型，辨识危害，评估潜在风险，编制动火作业方案。

1）危险工作类型。包括焊接、气割、切削、燃烧、研磨、打磨、钻孔、破碎、锤击、使用不具备本质安全的电气设备、使用内燃发动机设备及其他特种作业。

2）可能产生的危害因素。包括爆炸、火灾、灼伤、烫伤、机械伤害、中毒、辐射、触电、泄漏、窒息、坠落、落物、掩埋、噪声及其他伤害。

（2）动火作业前应申请办理动火作业许可证，如同时涉及进入受限空间、高处等作业时应同时办理相应的作业许可证。动火作业许可证只限一次使用，不得涂改、改签；没有办理动火作业许可证、没有落实作业方案、无动火监护人员、作业方案变更未审批的情况下，一律禁止动火。一般情况下，节假日及夜间，一律禁止动火。

（3）动火作业应有专人监护，动火作业前应清除动火现场及周围的易燃易爆物品，或采取其他有效的安全防火措施，配备充足的消防器材，并有相应的事故救援预案。

（4）凡在盛有或盛装过危险化学品的容器、设备、管道等生产、储存装置上进行动火作业，应将其与生产系统彻底隔离，挂牌上锁，并对装置进行清洗、置换，取样分析合格后方可进行动火作业。

（5）凡符合《建筑设计防火规范》（GB 50016—2014）规定的甲、乙类区域的动火作业，地面如有可燃物、孔洞、窨井、地沟、水封等，应检查分析，距动火点15米以内的，应采取清理或封盖等措施；对于动火点周围装有可燃物料、有可能会发生泄漏的设备，应采取有效的空间隔离措施。

（6）遇有5级以上（含5级）大风不应进行高处动火作业。遇有6级以上（含6级）大风不应进行地面动火作业。

（7）动火作业人员应正确穿戴劳动防护用品。

2. 动火作业过程中的操作

（1）动火作业过程中，应使系统保持正压，严禁负压动火作业。动火作业现场的通排风应良好，以便能顺畅排走泄漏的气体。

（2）在处于运行状态的生产作业区域内进行动火作业，应将所有能拆移的动火部件移至安全地点动火。

（3）动火监护人员负责动火现场检查，确认安全条件，发现异常情况应立即通知作业人员停止动火作业，并及时联系有关人员采取措施。动火监护人员应坚守岗位，禁止脱岗；在动火期间，禁止兼做其他工作；当发现动火作业人员违章作业时应立即制止。当动火监护人员离岗时应停止作业。

（4）动火作业全程应按照方案进行气体检测，并做好记录。记录需包括检测时间、频率、检测结果。气体检测仪必须在校验有效期内，每次使用前应与同类仪器比对。

（5）作业期间发现异常，应立即停止动火作业；动火作业中断超过1小时，继续动火前，动火作业人员、监护人员应重新确认安全条件。

（6）动火作业人员应严格按照各项安全操作规程进行操作。

3. 动火作业完成后的检查确认

（1）动火作业完成后，动火监护人员应会同有关人员清理现场，清除残火，确认无遗留火种后方可离开现场。

（2）凡高处动火作业及动火作业时火星飞溅可能影响到周围可燃物的，动火作业结束后1小时之内，双方动火监护人员必须再到现场进行一次检查、确认。

（3）动火作业结束后现场检查的时间、检查人的姓名，应签在动火作业许可证的背面。

二、动火作业现场安全监督要点

1. 检查动火作业是否取得动火作业许可证，是否张贴于现场。

2. 检查现场是否有动火作业监护人员，监护人员是否认真履行监护职责。

3. 检查动火作业前是否进行了危害分析，是否制定了安全作业方案。

4. 检查动火现场是否采取了安全技术措施，安全技术措施是否满足安全要求，现场易燃易爆物品是否清理出作业影响区域。

5. 检查动火作业人员是否具有操作资格。

6. 检查动火作业人员和监护人员是否按照规定穿戴好劳动防护用品。

7. 检查动火作业人员是否按照安全操作规程进行作业。

8. 检查动火作业现场是否按照规定定时进行气体检测，检测结果是否满足安全要求。

9. 检查动火作业现场是否配备灭火器材与救援设备。

三、动火作业"六大禁令"

1. 动火作业许可证未经批准，禁止动火。

2. 不与生产系统可靠隔绝，禁止动火。

3. 不进行清洗，置换不合格，禁止动火。

4. 不消除周围易燃物，禁止动火。

5. 不按时做动火分析，禁止动火。

6. 没有消防措施，无人监护，禁止动火。

第六节　起重作业安全

起重作业是指利用起重机械将重物作垂直升降或者垂直升降并水平移动的过程。

一、起重作业的安全操作要求

1. 起重设备操作人员应持证上岗

起重设备操作人员应按照《特种设备作业人员培训考核管理规定》（安监总局令第80号），经过安全技术培训并取得起重作业资格证书方可上岗操作。无证人员严禁操作起重设备。起重设备操作人员应严格遵守起重操作规程，严禁违章作业。

2. 起重设备操作人员上岗前，应穿戴好安全帽、工作服、手套、安全鞋等劳动防护用品。

3. 起重前应确定起重方案

作业人员对作业现场的环境，重物吊运路线及吊运指定位置和重物质量、中心、状况、降落点、吊点的平衡、配备起重设备的需求，进行分析计算，正确制定起重方案，达到安全起吊和就位的目的。

（1）重物的质量。一般情况下可依据重物说明书、标牌、货物单来确定，或根据其材质和物体几何形状计算的方法确定。

（2）确定重物的中心位置及绑扎。确定物体的中心时，应同时考虑到重物的外部形状和内部结构。正确选择吊点及绑扎方法，保证重物不受损坏和吊运安全。应保证大小车与重物中心垂直，以保证物品起吊后保持平衡。

（3）检查起重作业现场的环境。现场环境对确定起重作业方案和吊装作业安全有直接影响。在检查现场环境时，应确定作业地点进出道路是否畅通、地面土质坚硬程度、吊装设备、厂房的高度及宽窄尺寸、地面和空间是否有障碍物、吊运指挥人员是否有安全的工作位置、现场是否达到规定的亮度。

（4）进行人员分工，确定指挥人员、操作人员与辅助人员，并明确每个人的职责。

4. 选择起吊行车和所需的吊具

依据被吊物品的质量、形状、起吊方案选择合适的行车和正确吊具，并检查行车与吊具，保证其状态良好。

5. 根据起吊方案，正确使用吊索具

（1）所选用的吊索具应与被吊工件的外形特点及具体要求相适应，在不具备使用条件的情况下，禁止使用。

（2）吊挂前，应正确选择索点；提升前，应确认捆绑是否牢固。

（3）吊具及配件不能超过其额定起重量，吊索不得超过其相应吊挂状态下的最大工作载荷。

（4）作业中应防止吊索及配件损坏，必要时在棱角处应加护角防护。

（5）吊索具在试用期内应坚持定期检查，有条件的，对大吨位及重要产品的吊具及端部配件进行探伤检验。

6. 根据起吊角度和起吊物品质量计算安全质量，并根据安全质量来确定各吊具的大小。

7. 试吊

挂钩完成后，应清理现场影响起重作业的人员和物品，然后进行试吊，先将被吊物品提升到 10～20 厘米高度后，仔细观察被吊物品与吊索具无异常后再进行下一步工作。如发现异常应立即降下起重物并处理好，再进行上述步骤。

8. 开始吊运

开始吊运前，操作人员发出吊运信号（行车警铃），指挥人员与辅助人员选择好正确的位置，仔细观察，发现异常情况应及时告知操作人员。如果吊运大件物品，需要人员帮忙扶持以保证物品平衡的，应采用牵引防晃绳的方法，以避免辅助人员过于靠近被吊物品。

9. 落位

被吊物品被吊至目的地后，辅助人员应做好落位的前期准备，被吊物品下如挂有绳索，落地（或装车）前应预先放置垫木，以免给抽绳及下次穿绳带来隐患。如果是将被吊物品进行装配，应缓慢降落，对位人员应小心操作，防止夹伤情况发生。落位后，将取下的吊索具归还到存放点，起重设备方可离开。

10. 起重吊装作业安全须知

（1）正规安装各吊具，两点或两点以上的吊点起吊时吊索角度不得超过规定角度；起吊点应和起吊重物中心垂直。起重设备最大起重量应大于起吊物品质量的 20%～25%。

（2）吊索、吊带接触被吊物品上有锐边、棱角的地方，需要有防止被割的防护措施。

（3）起吊作业前各作业人员应选择安全站位，确保在危险的情况下有退让余地，不便于扶持的被吊物品应使用拉绳。严禁人员站在被吊物品下面。

二、起重作业现场安全监督要点

1. 检查起重作业人员是否取得起重作业资格证书。
2. 检查起重作业人员是否按照要求正确穿戴劳动防护用品。
3. 检查起重作业是否按照规定指定指挥人员、操作人员与辅助人员，各人员是否分工明确并各司其职。
4. 观察起吊用的吊具、设备是否符合安全要求，是否有超载现象，吊具的连接是否符合安全要求。
5. 观察起重作业过程中是否有违反"十不吊"的行为。
6. 观察起重作业现场与吊运线路上妨碍作业的人员与物品是否被清除。
7. 观察起重作业现场是否有人员处于被吊物品下面。
8. 观察是否有将工件吊起进行加工等违章行为。

三、起重吊装作业"十不吊"

1. 超重、超负荷不吊。
2. 指挥信号不明确或违章指挥不吊。

3. 工件或吊物捆绑不牢，不符合安全要求不吊。

4. 光线昏暗、视线不清不吊。

5. 歪拉斜挂工件不吊。

6. 吊物上站人或起吊物品上放有浮置物不吊。

7. 安全装置不齐全或动作不灵敏、失效者不吊。

8. 带棱角、缺口、物体无防割措施不吊。

9. 起重物质量不清不吊。

10. 埋在地下的物件，与地面建筑物或设备有钩挂不吊。

第七节　临时用电作业安全

施工现场临时用电管理贯穿施工用电全过程。临时用电作业主要包括外电线路及电气设施防护、接地与防雷、配电室及自备电源、配电线路、配电箱及开关箱、电动机械和手持电动工具、照明共七个方面。

一、电工和用电人员的管理

临时用电要规范管理电工和用电人员，重点包括以下内容：

1. 电工必须持证上岗。

2. 安装、巡检、维修或拆除临时用电设备和线路，必须由电工完成，并有专人监护。

3. 使用电气设备前必须穿戴相应的劳动防护用品。

4. 定期检查电气装置和保护设施，严禁设备带"病"运转。

5. 暂时停用设备的开关箱必须断开电源隔离开关，关门上锁。

6. 移动电气设备前，必须切断电源。

二、外电线路的安全防护

在施工现场往往会存在架空线路、电缆线路等不属于施工现场的外电线路。为防止外电线路对施工现场作业人员可能造成的触电伤害，施工现场须注意以下事项：

1. 在建工程不得在架空线路正下方施工、搭设作业棚、建造生活设施或堆放杂物。

2. 起重机严禁越过无防护设施的架空线路作业。

3. 在架空线路附近开挖沟槽时，必须对电杆采取加固措施，沟槽边缘与外电埋地电缆沟槽边缘之间的距离要大于 0.5 米。

4. 注意保持安全距离，达不到安全距离时，可以增设屏障、遮拦、围栏或保护网，并悬挂醒目的警示标志牌。

5. 防护措施无法实现时，必须将外电线路暂时停电、迁移或改变在建工程的位置，严禁强行施工。

三、接地与防雷安全要求

1. 接地安全要求

为保证电气设备运行稳定，防止触电和电气火灾事故，需对设备进行接地。敷设接地装置时要注意以下事项：

（1）充分利用已埋入地下的金属物体作为接地体。

（2）接地线与接地体之间使用焊接连接，且必须采用搭接焊，以便充分连接。

（3）接地线与接地设备可用焊接或螺栓连接，用螺栓连接时，应设防松螺帽或加防松垫片。

（4）位于潮湿场所的接地线连接处，应刷防潮、防腐油漆。

（5）每一组接地装置的接地线至少有两根，并在不同点与接地体焊接，以保证接地的有效性。

（6）接地体要与土壤紧密接触，周围不得有杂物。

2.防雷安全要求

施工现场内高大的设备和建筑物结构，应安装防雷装置。安装防雷装置时要注意以下事项：

（1）施工现场须设置防直击雷装置的部位包括施工现场塔式起重机、物料提升机、外用电梯等高大的机械设备，钢管脚手架、在建金属结构等高架金属设施。

（2）施工现场变电所进、出线处须设置防感应雷的装置（阀型避雷器）。

（3）接闪器（避雷针、避雷线等）应装置在机械设备和金属结构的最顶端。

（4）防雷引下线可采用铜线、圆钢、扁钢、角钢、钢筋等。

（5）避雷针、防雷引下线、防雷接地体之间必须焊接牢固。

（6）单独设置的防雷接地体，其冲击接地电阻值不应大于30欧。

四、配电系统的安全要求

1. 配电系统的设置规则

（1）一箱、一机、一闸、一漏制度。一个配电箱可以连接若干个开关箱进行配电，但是每台开关箱只能控制一台用电设备，严格执行一箱、一机、一闸、一漏制度。

（2）动、照分设规则

1）动力配电箱和照明配电箱宜分别设置，如果置于同一配电箱内，应分路配电。

2）动力开关箱和照明开关箱须分别设置。

（3）环境安全规则

1）环境保持干燥、通风、常温。

2）周围无易燃易爆物、腐蚀物及其他杂物。

2. 配电室的设置

规模较大的施工现场，常设置配电室作为总的配电枢纽，从安全的角度，对配电室的设置有以下要求：

（1）配电室的设置要避开污染源的下风侧和容易积水场所的下方。

（2）配电柜的布置要有一定的安全距离，以保证操作人员、巡检人员作业时有充分可靠的电气安全距离。

（3）配电室的门应向外开，并配锁，防止闲杂人员进入。

（4）配电室建筑结构要能避免小动物进入，特别要防止老鼠等进入配电柜造成短路故障。

（5）配电室屋面要有保温隔层和防水、排水设施。

（6）配电室内要配置砂箱和可扑灭电气火灾的灭火器。

（7）配电室须设置两套独立的照明系统，即正常照明和应急照明系统。

（8）配电柜应有编号和用途标记，以防停送电误操作。

（9）停电维修时，应挂接地线，并悬挂"禁止合闸、有人工作"标志牌，停送电由专人负责。

五、配电线路的安全要求

施工现场的配电线路主要有架空线路、电缆线路。

1. 架空线路的敷设要求

（1）架空线路的电杆可采用钢筋混凝土杆或木杆，严禁利用树木、脚手架等作电杆。

（2）电杆要有足够的埋设深度，埋深应为杆长的 1/10 加 0.6 米，转角杆、终端杆应设拉线或支撑杆，以防电杆向一侧歪斜和倾倒。

（3）相邻电杆之间的档距不得大于 35 米。

（4）如架空线跨越铁路、公路、电力线路，在跨越档距内导线不得有接头。

（5）接户线在档距内不得有接头，进线处离地高度不得小于 2.5 米。

（6）架空线路必须保证以下安全距离：

1）最大弧垂与施工现场地面的最小垂直距离是 4.0 米。

2）1～10 千伏的架空线与邻线交叉时的最小垂直距离是 2.5 米。

3）架空线边线与建筑物边缘最小水平距离是 1.0 米。

2. 电缆线路的敷设要求

（1）电缆线路应埋地或架空敷设，严禁沿地面明设，以防机械损伤。

（2）埋地电缆在地下不得有接头，埋设路径应设方位标志。

（3）埋地电缆的接头应设在地面的接线盒内，接线盒应能防水、防尘、防损伤，远离易燃、易爆、易腐蚀场所。

（4）埋地电缆敷设深度不应小于0.7米，以保证不受机械损伤和热源影响。

（5）埋地电缆在穿越建筑物、道路及引出地面时，从地下0.2米到地上2.0米，须加防护套管予以防护。

（6）在建工程内部的临时电缆线路必须采用埋地穿管方式引入，严禁穿越脚手架架空引入。

（7）施工现场架空电缆严禁沿脚手架、树木及在建工程屋面敷设。

六、电动施工机械的安全使用

1. 起重机械的安全使用

（1）塔式起重机的机体必须做保护接地和防雷接地。

（2）塔式起重机运行时要注意与外电架空线路保持安全距离。

（3）需要夜间工作的塔式起重机，应设置正对工作面的投光灯。

（4）外用电梯梯笼内、外均应安装紧急停止开关，与楼层间应设置双向通信系统和联锁防护门或栅栏。

（5）外用电梯和物料提升机应设置上、下限位开关。

（6）外用电梯和物料提升机每日工作前须进行空载检查。

（7）物料提升机不能用来载人。

2. 夯土机械的安全使用

使用夯土机械主要要做到防振、防潮、防高温、防漏电。

（1）夯土机械的漏电保护必须适应潮湿场所的要求。

（2）夯土机械使用时应有专人调整电缆，严禁电缆缠绕、扭结和被机体跨越。

（3）夯土机械的操作扶手必须绝缘，使用者须穿戴绝缘用品。

（4）多台夯土机械并列工作时，其平行间距要大于5米，前后间距要大于10米。

3. 其他电动机械的安全使用

（1）混凝土机械在使用中要注意防止触电和造成机械伤害，在进行清理、检查、维修时，必须先断电，并将开关箱上锁。

（2）电焊机外壳保护接地要求连接可靠，以防止使用中发生触电事故，电焊机一次侧电源线长度不超过3米，不得拖地或跨越通道使用。电焊机作业场所周围不得有易燃易爆物品，以防电弧引燃。

（3）潜水钻孔机和潜水泵在使用中要注意防止触电，使用中不得带电移动，使用前后要检查其绝缘电阻，不符合要求的严禁使用。

七、手持电动工具的安全要求

施工现场使用的手持电动工具包括电钻、冲击钻、电锤、射钉枪等，使用中要注意防止触电。

1. 手持电动工具的电源线不能有接头。

2. 手持电动工具在使用前应检查外壳、手柄、插头、开关、电源线等是否完好无损，并用绝缘电阻测试仪做绝缘检查。

3. 使用手持电动工具时，必须戴绝缘手套，必要时垫绝缘板。

4. 在使用手持电动工具时，必须安装漏电保护器，工具外壳要进行保护性接地或接零。

5. 如果运行过程中出现外壳高温、工具运行声音低沉、振动剧烈等异常现象，应立即停止使用，断电后进行检查和维修。

6. 当工具溅水时，禁止用手擦拭，工具使用过程中带电掉落水中时，严禁徒手捞取。

7. 在潮湿场所或金属容器内作业，必须选用带有隔离变压器（电压低于 36 伏）的手持电动工具，其接线箱严禁带入容器内使用。

8. 手持式电动工具如有损坏，要由专业人员进行维修。

八、照明用电安全要求

1. 一般场所宜选用额定电压为 220 伏的照明器，对下列特殊场所应使用安全电压照明器：

（1）地下工程，有高温、导电灰尘，且灯具离地面高度低于 2.5 米等场所的照明电源电压应不大于 36 伏。

（2）在潮湿及易触及带电体场所的照明电源电压不得大于 24 伏。

（3）在特别潮湿的场所、导电良好的地面、锅炉或金属容器内工作的照明电源电压不得大于 12 伏。

2. 使用行灯应遵守下列规定。

（1）行灯变压器应为双线圈变压器，二次电压不应超过 36 伏。如在特别潮湿的场所或在金属容器内工作时，其电压不应超过 12 伏。

（2）携带式行灯变压器一次电源线不应过长（一般在 3 米以内），且应使用绝缘护套线或橡胶电缆。

（3）行灯变压器二次侧线圈及金属外皮应可靠接地。

（4）不许将行灯变压器携带至金属容器内使用。

3. 照明变压器应使用双绕组型，严禁使用自耦变压器。

第4章 职业健康

第一节　粉尘类职业危害及其预防知识

一、生产性粉尘的相关知识

1. 生产性粉尘的分类

生产性粉尘是污染环境、损害劳动者健康的重要职业病危害因素,可引起多种职业性疾病。生产性粉尘大致分为以下三类。

(1)有机性粉尘。其中包括植物性粉尘(如棉尘、面粉、木屑等)和动物性粉尘(如骨粉、皮屑等)。

(2)无机性粉尘。其中又分金属性粉尘(如铜、铅、锌等粉尘),非金属矿物性粉尘(如石英石、石棉、煤尘等),人工无机性粉尘(如水泥)三种。在无机性粉尘中,含有游离二氧化硅成分的粉尘,通常被称为矽尘。

（3）混合性粉尘。是有机性粉尘和无机性粉尘的混合物，这种粉尘是最常见的。

2. 生产性粉尘的来源

生产性粉尘的来源主要有以下几种：固体物质的机械加工，如矿物质的粉碎、钻孔、研磨、打光等产生的粉尘；固体物质的不完全燃烧或爆破，如矿山开采和隧道的爆破等会产生燃烧粉尘和爆破粉尘；金属冶炼和加热时产生的蒸气在空气中凝结形成固体微粒状的烟雾，如电焊烟尘、金属烟尘；固体粉末物质的包装、搬运、混合、搅拌过程中产生的粉尘。

飘落的粉尘会随着空气的流动或由于机械振动再次飘浮于空气中，还可形成二次扬尘。

3. 粉尘对人体健康的影响

（1）破坏人体正常的防御功能。长期大量吸入生产性粉尘，可使呼吸道黏膜、气管、支气管的纤毛上皮细胞损伤，破坏呼吸道的防御功能，肺内尘源积累会随之增加。因此，接尘工人脱离粉尘作业后还可能会患尘肺病，而且会随着时间的推移病程加深。

（2）可引起肺部疾病。长期大量吸入粉尘，会使肺组织发生弥漫性、进行性纤维组织增生，引起尘肺病，进而导致呼吸功能严重受损、劳动能力下降或丧失。矽肺是纤维化病变最严重、进展最快、危害最大的尘肺病。

（3）致癌。有些粉尘具有致癌性，如石棉是世界公认的致癌物质，石棉尘可引起间皮细胞瘤，并增高肺癌的发病率。

（4）毒性作用。铅、砷、锰等有毒粉尘，会被支气管和肺泡壁溶解吸收，引起铅、砷、锰等中毒。

（5）局部作用。粉尘堵塞皮脂腺使皮肤干燥，可引起痤疮、毛囊炎、脓皮病等；粉尘对角膜的刺激及损伤可导致角膜的感觉丧失，角膜混浊等；粉尘刺激呼吸道黏膜，可引起鼻炎、咽炎、喉炎。

二、尘肺病的预防措施

尘肺病是由于在生产活动中长期吸入生产性粉尘引起的以肺组织弥漫性纤维化为主的全身性疾病。

1. 技术措施

用工程技术措施消除或降低粉尘危害，是预防尘肺病最根本的措施。

（1）改革工艺过程、革新生产设备。这是消除粉尘危害的主要途径，如使用遥控操纵、计算机控制、远程监控等措施避免接触粉尘。

（2）湿式作业。如采用湿式碾磨石英或耐火材料，矿山湿式凿岩，井下运输喷雾洒水，煤层高压注水等，可在很大程度上防止粉尘飞扬，降低环境粉尘浓度。

（3）密闭、抽风、除尘。对不能采用湿式作业的场所，应采用密闭、抽风、除尘方法，如采用密闭尘源与局部抽风相结合，防止粉尘外逸。

2. 卫生保健措施

（1）对接尘工人进行健康监护，包括上岗前、在岗期间和离岗时的健康检查，对于接尘工龄较长的工人还要按规定做离岗后的随访检查。

（2）注意劳动防护用品的卫生和个人卫生。不要在车间抽烟、进食、饮水及存放食品、水杯，更不能在生产炉上热饭、烤食品，以免毒物污染食品。停止操作后，要先洗手。尘毒作业人员下班后要洗澡，换干净衣服；工作服要勤换洗，不得穿回家。

（3）增强个人身体素质。在保证平衡膳食的基础上，根据接触毒物

的性质和作用特点，适当选择某些特殊需要的营养成分加以补充，以达到解毒、增强身体免疫力的目的。

3. 正确选择防尘口罩

企业提供的防尘口罩必须是符合标准的产品，要能有效地阻止粉尘。作业人员在接尘作业中必须坚持佩戴防尘口罩，选取与脸形相适应的型号，要按照使用说明正确佩戴，要经常对防尘口罩进行检查，发现失效及时更换。当防尘口罩的任何部件出现破损、断裂和丢失（如鼻夹、鼻夹垫）以及明显感觉呼吸阻力增加时，应及时更换。

第二节　职业性化学中毒及其预防知识

一、职业性化学中毒的概念及分类

职业性化学中毒是指在生产过程中，劳动者通过不同途径吸收了生产性毒物而引起的中毒。生产性毒物在生产中应用广泛，品种繁多，我国《职业病分类和目录》中公布了60种职业性化学中毒，涉及的毒物如铅、汞、氯气、硫化氢、苯、甲苯、汽油、有机磷、铀及其化合物等。生产过程中开采、提炼、使用、储存、运输等环节都可能接触到毒物，劳动者一旦采取的防护措施不当，毒物很可能会通过呼吸道、皮肤进入人体引起中毒。

1. 常见职业性化学中毒的分类

常见职业性化学中毒分为急性中毒、慢性中毒和亚急性中毒。

（1）急性中毒是由于生产过程中有毒物质短时间内或一次性大量进入人体而引起的中毒，大多数是由于生产事故造成的。

（2）慢性中毒是由于在生产过程中长期过量接触有毒物质引起的中毒，这是生产中最常见的职业性化学中毒，主要由于相应的防护措施缺乏或不当所导致。

（3）亚急性中毒是介于急性中毒和慢性中毒之间的中毒，往往接触毒物数周或数月后突然发病。

2. 常见可导致职业性化学中毒的物质

（1）金属。如铅、镉、汞。

（2）刺激性气体。如氯气、氨、氮氧化物。

（3）窒息性气体。如一氧化碳、氢氰酸。

(4) 有机溶剂。如苯、氯仿。

(5) 杀虫剂。如有机磷农药、氨基甲酸酯类农药。

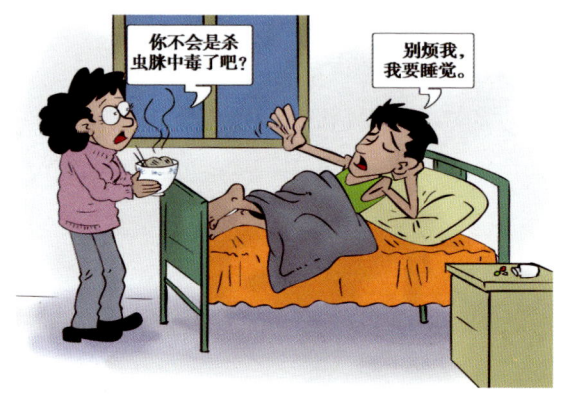

二、职业性化学中毒的预防

当毒物进入人体达到一定量以后才会发生职业性化学中毒，因此只要防止毒物进入人体内，或限制进入人体内的毒物量，就可以防止职业性化学中毒的发生。

改革工艺是解决职业性化学中毒的根本途径。改革工艺会使生产过程中很少产生或不产生尘毒物质，或将尘毒物质消灭在生产过程中。采用新技术和新材料使生产设备密闭、加强通风排毒，最好可以实现隔离操作、自动控制，努力使生产程序连续化、机械化。职业性化学中毒常由于生产设备或管道的"跑、冒、滴、漏"引起，因此要针对生产过程中使用或生产毒物的工序，进行相应的技术改造。

个体防护在防毒综合措施中是最后一道防线，在特殊场合下具有重要作用。例如，进入高浓度毒物污染的密闭容器操作时，佩戴正压式空气呼吸器就能保障操作人员的安全健康，避免发生中毒事故。每个接触毒物的作业人员都应学会根据工作场所存在毒物的种类、浓度情况选择合适的防护器材，并且掌握其使用注意事项。

第三节　物理性职业危害预防知识

在生产作业场所，由于高温、高湿、高气压、低气压、振动等物理因素导致作业人员所患的职业病，称为物理因素所致职业病。

一、高温

高温作业是指在高温高湿或强热辐射条件下进行的作业，通常分为高温、热辐射作业，高温、高湿作业，夏季露天作业。

高温作业时，人体可出现一系列生理功能改变，主要是体温调节，水盐代谢，循环系统、消化系统、神经系统、泌尿系统等方面的适应性变化。若超过一定限度，则会产生不良影响。

凡是准备参加高温作业的人员，在上岗前必须进行全面系统的健康检查。在岗期间每年要进行一次职业性健康检查，体检时间应安排在高温季节来临之前,发现有职业禁忌证的人员,要调离高温作业岗位。

下列人员不得从事高温作业:患有心脏病的人员;患有明显胃肠疾病的人员;患有神经系统疾病的人员;患有肾脏疾病的人员;患有严重的肺脏疾病、胃及十二指肠溃疡、糖尿病、大面积皮肤疤痕、甲亢等的人员。

二、生产性噪声

在生产过程中产生的干扰声音称为生产性噪声,分为机械性噪声、空气动力性噪声、电磁性噪声。

噪声对人体的影响是全身性、多方面的。在噪声环境中工作容易感觉疲乏、烦躁,造成注意力不集中、反应迟钝、工作准确性降低,直接影响作业能力、效率以及生产安全。

生产性噪声首先会对听觉器官造成损害,我国已将噪声聋列为职业病。噪声还可对神经系统、心血管系统及全身其他器官功能产生不同程度的危害。

控制和消除噪声源,是防止噪声危害最根本有效的措施。作业人员应加强个人防护，正确佩戴符合标准的耳塞、耳罩和防噪声帽盔。

三、生产性振动

在生产过程中，由机器转动、撞击或车船行驶等产生的振动为生产性振动。产生振动的机械有锻造机、冲压机、压缩机、振动筛、送风机、振动传送带、打夯机等。按振动对人体作用的方式，可分为全身振动和局部振动两种。全身振动会引起如眩晕、恶心、血压升高、心率加快、疲倦、睡眠障碍等症状；局部振动能引起中枢及周围神经系统的功能改变等。

使用振动性工具、从事手传振动的作业，均能引起手臂振动病。能够造成手臂振动病的工具主要有：振动性工具，如凿岩机、空气锤等；手持转动工具，如电钻、风钻等；固定轮转工具如砂轮机等。

预防手臂振动病，最根本的措施是工艺改革，同时还可以采用限制作业时间、改善作业环境、加强个人防护等措施。凡从事振动作业的人员，应定期体检，检出有职业禁忌证者，应及时治疗和处理。

四、电磁辐射

电磁辐射的波谱很宽,按其生物学作用不同可分为非电离辐射和电离辐射。

1. 非电离辐射

非电离辐射包括射频辐射、紫外线、可见光、红外线和激光。射频辐射主要指高频电磁场和微波,包括高频感应加热、金属的热处理、金属熔炼、热轧等。射频辐射会造成中枢神经系统、植物神经系统功能紊乱,以及心血管系统的变化。预防射频辐射的有效方法是屏蔽辐射源和缩短作业时间。对辐射源屏蔽有困难时,应考虑远距离操作或自动化操作。同时还应加强个人防护,如微波作业时应使用镀有金属薄膜的防护眼镜,需要时可使用镀有金属织品的防护服、防护帽。在上岗前进行健康检查以排除职业禁忌证,对作业人员定期体检,重点观察晶状体、心血管系统、血象及内分泌功能,对有不良症状者,可暂时脱离岗位并予以治疗。

炼钢工、铸造工、轧钢工、锻造工、焊接工等会受到红外线辐射。红外线引起的职业性白内障已被列入职业病名单。预防红外线伤害的主要措施是穿戴防护服和防护帽,严禁裸眼看强光,生产中应戴绿色玻璃防护镜,镜片中需含有氧化亚铁或其他过滤红外线的有效成分。

紫外线是常见的辐射源。作业场所比较多见的职业病是紫外线对眼睛的损伤,即电光性眼炎。电焊时应采用自动或半自动焊接;增加作业人员与辐射源的距离;作业人员必须佩戴专用的防护面罩或眼镜及适宜的防护手套,不得有裸露的皮肤;作业人员操作时应使用移动屏幕围住作业区,以免其他工种的人员受到紫外线照射。

激光通常在焊接、打孔、切割、热处理时使用。激光对健康的影响主要是对眼部和对皮肤的损伤。预防激光危害最主要的方法是安全教育，严禁裸眼观看激光束，遵守操作规程，佩戴合适的防护眼镜、防护手套，并定期检查；操作区及危险带要有醒目的警告牌，无关人员不得随意进入。

2. 电离辐射

电离辐射包括 α 粒子、β 粒子、质子等高速带电粒子，以及中子、X 射线、γ 射线等不带电粒子。

接触到电离辐射的行业和工种包括核工业中核原料的勘探、开采、冶炼与加工部门；核燃料和反应堆的生产、使用与研究部门；放射性核素及其制剂的生产、加工和使用部门；射线发生器的生产和使用部门，包括生产和使用各种加速器、X 射线发生器以及电子显微镜、电子束焊机和高压电子管等岗位。电离辐射引起的职业病包括全身性放射性疾病，如急、慢性放射病；局部放射性疾病，如急、慢性放射性皮炎，放射性白内障；放射所致远期损伤，如放射所致白血病。列入国家法定职业病的放射性疾病包括外照射急性、亚急性、慢性放射病等共 11 种。

为了防止由电离辐射引起的伤害，一般采用以下方法：

（1）屏蔽。用吸收性物质来屏蔽和遮挡辐射，使之不能危害人体。应用 X 射线时，要采用屏蔽室，操作人员在室外用机械手进行室内操作，而室内墙壁要衬铅，以防止穿透性强的 γ 射线透射到外部。

（2）空间隔离。通过远距离隔离而减少放射性照射量。

（3）时间间隔。接受照射的时间越长，人体接受的辐射能就越大。因此，可以通过时间间隔、短时间接受照射，来减少辐射能的积累。

（4）通风排气。随着同位素种类的增多，操作现场被污染的情况也越来越严重。如果人体吸收已被污染的空气，就会引起慢性生理损害。因此要尽可能进行通风排气，以避免放射性物质对人体的影响。

（5）个体防护。当操作现场内存在放射源时，要绝对排除它的影响比较困难，而且一般放射能不易被察觉。因此，操作人员要穿戴好防护用具，如铅围裙、手套、工作服和防尘面具等。

第四节　职业性皮肤病和职业肿瘤预防知识

一、职业性皮肤病

职业性皮肤病是指作业中以化学、物理、生物等职业病危害因素为发病主要原因而引起的皮肤及其附属器官（毛发、指甲等）的疾病。某些化学物质除引起皮肤损害外，还可通过皮肤吸收引起中毒。

职业性皮肤病涉及面广，发病人数多，做好预防工作尤为重要。绝大多数职业性皮肤病都是由于直接或间接地受到化合物污染皮肤所致，因此预防的关键是隔断接触，同时采取综合预防措施。

1. 参照职业禁忌证安排岗位

根据个人体质安排适当的工种,如对有严重皮肤干燥或皲裂症状的人,就不适宜安排其接触有机溶剂、碱性物质的岗位;对敏感体质的人,不宜安排在化工、制药等岗位。

2. 改善作业环境

加强生产设备密闭化、管道化,操作自动化、机械化,安装通风、排毒、除尘设备,防止毒物"跑、冒、滴、漏"等。

3. 加强个人防护

配备必要的防护设施和防护用品,同时加强培训教育工作,加强作业人员的防护意识。

4. 搞好职业卫生、环境卫生和个人卫生

这是最有效的预防措施之一,应积极进行职业卫生、环境卫生、个人卫生宣传,经常检查,加强监督。

二、职业性肿瘤

在工作环境中长期接触致癌因素,经过较长的潜伏期而患某种特定的肿瘤,称为职业性肿瘤。职业性致癌因素包括化学物质、物理物质和生物物质,其中最常见的是化学物质。

职业性肿瘤与一般人发生的肿瘤在症状、表现、病理组织学和治疗等方面没有太大区别,但也具有自己的特点。

1. 肿瘤的发生与职业密切相关

如从事铬生产的作业人员肺癌发生率较高;皮肤接触煤焦油、沥青及砷化物等的作业人员,可患皮肤癌;长期吸入苯的作业人员可患白血病等。长期接触职业性致癌因素,其肿瘤发生率明显高于一般人。但需要说明的是，切不可把接触致癌因素者发生的肿瘤都认为是职业性的，要结合致癌物质的毒性、接触量、接触方式及作用时间等做综合判断。

2. 发病年龄及潜伏期较短

职业性肿瘤比同种的非职业性肿瘤，发病年龄要提前 10 年左右。

3. 病情发展快，恶性程度高，死亡率高

职业性肿瘤一旦形成，往往波及多个器官，如芳香胺引起的膀胱癌，会很快波及整个泌尿系统。职业性肿瘤一旦形成，很少自限、自愈，死亡率较高。

4. 有较固定的病灶部位

职业性肿瘤有较固定的病灶部位，如焦炉工的癌症病灶在肺部；染料生产工的癌症病灶多发生在肾脏、输尿管、膀胱及尿道等部位；石棉生产及使用的作业人员多发生肺癌和间皮瘤等。预防职业性肿瘤，首先要识别、鉴定职业性致癌因素，以便采取预防措施。尽可能采取代用品替代致癌物，严格控制存在致癌物的生产场所，并进行定期检测，使其符合国家卫生标准。同时，积极开展生物学检测，定期进行职业健康检查，早期发现易感者，及时进行诊断治疗。

第五节　女职工职业危害防护

一、女职工职业病危害因素

1. 化学因素

女性因生理特点的原因，对有些有害物质的敏感性高于男性。长期从事或接触有毒有害作业，可能对女性的生殖机能产生不良影响。有的有害物质侵入体内后，蓄积在肝、肾、骨髓中，日积月累，会造成女性月经机能失调和不孕症等。有的人即使脱离有毒有害作业多年,但吸入的有害物质在体内仍然发挥毒害作用。当女职工怀孕时,毒物就会游离出来,通过胎盘影响胎儿正常发育。女职工在孕期由于机体发生了变化,对有害物质敏感性增强,较平时更容易吸收有害物质,有些有害物质会蓄积在母体内对胎儿正常发育造成难以弥补的损害。多年来,人们习惯把胎盘看成是胎儿的保护屏障,但是,经有关研究,在工业生产中许多有毒化学物质可以直接透过胎盘对胎儿造成危害,如铅、苯、汞、氯乙烯、一氧化碳等。

女职工在哺乳期从事有毒有害作业,主要通过两种途径对婴儿产生危害,一种是有毒有害物质被母体吸收后,通过乳汁进入婴儿体内,直接对婴儿造成危害,如铅及其化合物、苯、二硫化碳、有机氯化合物、甲醛等;另一种途径是通过母体的工作服、鞋等物,将有毒有害物质带到哺乳室或家中,造成室内环境污染,对婴儿健康造成危害,如铅尘、苯胺染料、石棉尘等。因此,女职工在孕期、哺乳期应暂时调离有毒有害作业岗位,以免对后代产生不良影响。

2. 物理因素

电离辐射对胚胎及胎儿发育产生不良后果早已被证实。放射线可直接通过母体作用于胚胎,造成胎儿先天性缺陷,如小头畸形、白内障、智力低下等。非电离辐射对人体危害主要是高频电磁场和微波辐射。有关资料显示,从事高频电磁场和微波作业的女职工自然流产率较高,低体重婴儿率高;电离辐射同时会对女性生理机能产生不良影响,如月经周期缩短、经期延长、血量减少、痛经加重、闭经等。

噪声对人的听觉系统、神经系统、心血管系统均有危害。有关专家就噪声对女性生理机能的影响做了大量的调查。调查表明,噪声能够使女性月经周期改变及痛经，流产、死产率增高。噪声对胎儿发育可造成一定影响，如高噪声使低体重婴儿出生率增高、先天缺陷出生率增高，噪声还可使婴儿出现惊吓、不睡、啼哭、不吃奶甚至痉挛等情况。

振动对人体的影响取决于振动的频率和振幅，对女职工影响较大的是全身振动，主要表现为经期延长、血量多、痛经、妊娠中毒症等。孕期从事振动作业主要对胎儿的发育产生不良影响。

高温会对人体一系列生理功能造成影响。女职工从事高温作业比男性更易中暑，并降低生育能力。

低温冷水对机体的影响与人在低温环境中暴露的时间长短有关。女职工在经期不适于参加低温冷水作业，易引起皮温下降、血流减少、血管收缩，引起内脏淤血，致使痛经加重、白带增多。

重体力劳动会过度消耗人的身体。女职工长期从事重体力劳动作业，容易发生月经不调、痛经、月经过多或不规律、闭经等，对孕妇可导致流产和早产。

二、职业病危害因素对女职工生育功能的影响

1. 对月经功能的影响

已知有近 90 种职业性有害因素可引起月经异常，包括强噪声、振动、重体力劳动，以及多种化学物质，如铅、汞、二硫化碳、苯系化合物、汽油、三硝基甲苯、氯乙烯等。

2. 对生育功能的影响

对性腺的损伤，如接触高强度噪声、铅、汞、镉、氯乙烯、麻醉气体等可致不孕的危险率增高，接触二硫化碳、多环芳烃、烷化剂、电离辐射等，可使卵巢功能早衰或绝经年龄提前，接触烷化剂可导致染色体

畸变或基因突变，造成流产。

对胚胎发育的影响，如从事负重作业、全身振动作业的女职工，接触高浓度铅、汞、二硫化碳、苯系化合物、环氧乙烷的女职工，从事橡胶加工的女职工，接触麻醉药和抗癌药物的女性医护人员均存在自然流产率增高的危险。接触甲基汞、农药 2,4,5-T、二硫化碳以及从事橡胶生产的女职工，孕期接受过量辐射线照射的女职工，胎儿先天性畸形率明显高于普通人。

3. 对胎盘的影响

铅、汞、二硫化碳、一氧化碳等可经胎盘进入胎儿体内，对胎儿生长发育产生不良影响。

4. 对妊娠母体的影响

怀孕期间机体对职业病危害因素如铅、苯系化合物、一氧化碳等的易感性增高。铅、苯系化合物、二硫化碳、三氯乙烯、几内酰胺、汞等有害因素能促使妊娠及分娩并发症的发生。

5. 对新生儿的影响

如有母亲在孕期接触苯或产后通过工作服或体表污染将铅尘、苯胺燃料、石棉尘等带回家中，可影响婴儿的健康。可以通过母体乳汁分泌进入婴儿体内，引起婴儿中毒的有害因素有铅、汞、镉、砷、苯、二硫化碳、多氯联苯、有机氯、三硝基甲苯、氯丁二烯、烟碱等。

三、女职工健康保护

1. 女职工的禁忌劳动范围

依据《女职工劳动保护特别规定》，女职工禁忌从事的劳动范围包括：矿山井下作业；体力劳动强度分级标准中规定的第四级体力劳动强度的作业；每小时负重 6 次以上、每次负重超过 20 千克的作业，或者间断负重、每次负重超过 25 千克的作业。

2. 女职工的"六期"保护

由于女职工特殊的生理特点，职业活动中要做好女职工的"六期"保护。

（1）月经期健康保护

保护重点是预防感染，在此期间不宜安排女职工从事Ⅱ级及以上高处作业、低温作业、冷水作业和第Ⅲ级及以上体力劳动强度的工作。

（2）孕前期健康保护

对患有射线病、慢性职业中毒或近期内患急性中毒的女职工，须经治愈才可以受孕。如从事上述作业的女职工，不论有无中毒表现或是否已脱离有害因素，最好经驱铅试验后再决定是否受孕。有流产史的女职工，如想生育，最好暂时脱离有毒有害作业。

（3）孕期健康保护

确定妊娠后，应暂时调离接触有致畸、致癌、致突变或对胚胎发育有不良影响的化学物质、放射线和强烈全身振动的作业，以及国家规定的第Ⅲ级及以上体力劳动强度的工作。怀孕 7 个月以上的职工，一般不安排夜班劳动。同时还应加强对女职工妊娠高血压综合征和外伤、过度劳累等早产因素的预防。

（4）产前及产后期的健康保护

职业病危害因素对胎儿发育及产后哺乳有很大影响。根据国家规定，产前产后应该有一定的休假期。

（5）哺乳期健康保护

在每班劳动时间内，按规定给予 2 次哺乳时间。哺乳期间不安排从

事第Ⅲ级及以上体力劳动强度的工作和其他禁忌从事的工作。一般不安排其从事夜班劳动，不延长其劳动时间。哺乳期女职工应远离有职业病危害因素的环境，回家后应及时脱掉工作服，避免携带的有害因素污染乳汁，影响婴儿健康。

（6）更年期健康保护

企业要帮助更年期女职工了解更年期的生理知识、注意劳逸结合，正确对待这一生理过程，顺利度过更年期。

第六节　劳动者职业卫生权利和义务

一、劳动者职业卫生权利

所有用人单位的劳动者都受到《职业病防治法》保护。无论用人单位是何种性质，是何种经济类型，是否与劳动者签订了劳动合同（含聘用合同），只要用人单位与劳动者存在着事实雇佣关系，劳动者即受该法保护。此外，国家机关、人民军队等特殊用人单位的工作人员的职业卫生保护参照执行《职业病防治法》。

1. 知情权

劳动者在签订劳动合同时，有权了解工作场所产生或者可能产生的职业病危害因素、危害后果和应当采取的职业病防护措施，并在劳动合同中写明；用人单位应定期检测并公布工作场所存在的职业病危害因素；用人单位应提供上岗前、在岗期间和离岗时的职业健康检查结果；医疗卫生机构发现疑似职业病病人时，应告知劳动者本人。

2. 培训权

上岗前和在岗期间，劳动者有权得到职业卫生培训；劳动者应该认真学习职业卫生知识，遵守职业病防治法律、法规、规章和操作规程，在工作中正确使用职业病防护设备和个人使用的职业病防护用品，更好地保护自身安全。

3. 拒绝权

劳动者有权拒绝在没有职业病防护措施下从事职业危害作业；有权拒绝违章指挥和强令的冒险作业；用人单位若与劳动者设立劳动合同时，没有将可能产生的职业病危害及其后果等告知劳动者，劳动者有权拒绝从事存在职业病危害的作业，用人单位不得因此解除或者终止与劳动者所订立的劳动合同。

4. 特殊保障权

用人单位在以下情况下不得安排作业：不得安排未成年人从事接触职业病危害的作业；不得安排孕期、哺乳期的女职工从事对本人和胎儿、婴儿有危害的作业；不得安排未经上岗前职业健康检查的劳动者从事接触职业病危害的作业；不得安排有职业禁忌的劳动者从事其所禁忌的作业；对在职业健康检查中发现有与所从事的职业相关的健康损害的劳动者，应当调离原工作岗位，并妥善安置；对未进行离岗前职业健康检查的劳动者不得解除或者终止与其订立的劳动合同。

5. 报告检举权

劳动者有权利和义务向单位主管部门报告以下事项：发现作业场所存在职业病危害隐患；发现作业环境职业病危害因素超标；发现职业病防护设施损坏。

劳动者有权检举和控告用人单位违反职业病防治法律、法规以及危及生命健康的行为。

二、劳动者职业卫生义务

根据《职业病防治法》的规定，劳动者除了受到《职业病防治法》保护之外，也有应尽的相应义务。

劳动者应当学习和掌握相关的职业卫生知识，增强职业病防范意识，遵守职业病防治法律、法规、规章和操作规程，正确使用、维护职业病防护设备和个人使用的职业病防护用品，发现职业病危害事故隐患应当及时报告。劳动者不履行规定义务的，用人单位应当对其进行教育。

三、用人单位的职业卫生责任

用人单位应当为劳动者创造符合国家职业卫生标准和卫生要求的工作环境和条件，并采取措施保障劳动者获得职业卫生保护，对本单位产生的职业病危害承担责任。

用人单位应当建立职业健康检查制度。组织上岗前、在岗期间和离岗时的职业健康检查，并将检查结果书面告知劳动者，费用由用人单位承担。不得安排未经上岗前职业健康检查的劳动者从事接触职业病危害的作业，不得安排有职业禁忌的劳动者从事其所禁忌的作业。对在职业健康检查中发现有与所从事的职业相关的健康损害的劳动者，应当调离原工作岗位，并妥善安置。对未进行离岗前职业健康检查的劳动者不得解除或者终止与其订立的劳动合同。应当为劳动者建立职业健康监护档案并妥善保存，劳动者离开用人单位时，有权索取本人职业健康监护档案复印件，用人单位应当如实、无偿提供，并在所提供的复印件上签章。

第5章 常见事故现场救护

第一节 火灾事故现场救护

1. 轻度烧伤，应迅速脱去或剪开伤员衣服，用冷水冲洗或浸泡10～20分钟后，涂上外用烧烫伤膏药。

2. 大面积或重度烧伤，待伤口冷却后，用干净纱布或布条对创面覆盖包扎。

3. 对烧伤引起的水疱，不应刺破以免感染。不要在创面上涂任何油脂或药膏，应用干净纱布或布条覆盖伤处，防止感染。

4. 呼吸道烧伤者应保持呼吸畅通，颈部用冰袋冷敷，口内可含冰块。

5. 严重口渴者，可口服少量淡盐水或淡盐茶。

6. 如果伤员发生缺氧窒息和烟雾中毒，应迅速将其转移至空气新鲜流通处，注意保暖，保持现场安静。

7. 对呼吸、心跳骤停者应立即实施心肺复苏，直至专业医务人员到达现场。

第二节　化学烧伤、中毒事故现场救护

1. 对化学烧伤者，应尽快帮助其脱离现场，再脱去伤员被化学物质浸渍的衣物，迅速用大量清水冲洗。被生石灰、磷、电石等烧伤，应先将患处擦拭干净，然后用大量清水冲洗。

2. 伤员头、面部烧伤时，要注意对其眼睛、鼻、耳、口腔内进行清洗。眼中溅入酸液或碱液，千万不要用手揉，应立即用大量清水冲洗，或将眼部浸入水中。颗粒状化学物质进入眼睛内，应立即拭去，同时用清水反复冲洗。

3. 如发现眼睑痉挛、流泪、结膜充血等，应立即用生理盐水或蒸馏水冲洗。使用消炎眼药水、眼膏，可预防感染。不必使用眼罩或纱布包扎，可用单层油纱布覆盖角膜，防止干燥。

4. 灼伤创面经清创后用一次性敷料包扎。对某些化学物质灼伤，如氢氟酸灼伤，可使用中和剂进行中和处理。

5. 对化学中毒者，应迅速将其转移至空气新鲜处吸氧，再脱除伤员被污染的衣物，用清水冲洗皮肤。对可能引起化学烧伤或能经皮肤吸收中毒的毒物要冲洗20分钟以上，并考虑选择适当中和剂中和处理。有毒物溅入或灼伤伤员眼睛时，要优先迅速冲洗。

6. 伤员经口中毒，应立即用催吐、洗胃、导泻的办法使毒物尽快排出体外。如果为腐蚀性毒物中毒时，不提倡用催吐与洗胃的方法。

7. 伤员排出或中和掉吸入体内的毒物后,要通过输液、利尿加快代谢。

第三节　气体中毒事故现场救护

1. 救护人员应在做好自我防护的情况下,尽快将伤员移至空气新鲜处。

2. 一氧化碳中毒人员可采用人工呼吸或用苏生器输氧。输氧时可加入 5%～7% 的二氧化碳,促进呼吸恢复。昏迷较深者应尽快送往医院,途中保持不间断人工呼吸,以保证大脑供氧。

3. 对硫化氢中毒人员除了进行人工呼吸或苏生器输氧外,可将浸以氯水溶液的棉花团、手帕等放入伤员口腔内进行解毒。

4. 对因氨气中毒而呼吸停止者应立即进行人工呼吸,但如果发现伤员有肺水肿,则不能进行人工呼吸。若皮肤被氨气灼伤,应迅速脱掉被污染的衣物,并用 3% 硼酸液或清水冲洗。眼灼伤应用 3% 硼酸液彻底冲洗。

5. 对二氧化硫中毒人员除了进行人工呼吸或苏生器输氧外，还应给中毒人员服牛奶、蜂蜜或用苏打溶液漱口。

6. 严禁对二氧化氮中毒人员进行人工呼吸，最好是在苏生器供氧的情况下，让伤员自主呼吸。

7. 对二氧化碳及瓦斯窒息造成假死的伤员，除了进行人工呼吸和苏生器输氧外，还要摩擦其皮肤或使伤员闻氨水，促进其恢复呼吸。

第四节　触电事故现场救护

1. 触电对人致命的伤害是引起心室纤维性颤动，心跳骤停。

2. 对低压触电者，可采取拉闸、用干燥木棒将电线拨开、用有绝缘柄的工具砍断电线等方法，使触电者脱离电源。

3. 对高压触电者，可以戴上绝缘手套、穿上绝缘靴，用相应电压等级的绝缘工具断开开关。

4. 为防止触电者脱离电源后摔倒，应准确判断触电者倒下的方向，若触电者身在高处，需采取防坠落措施。

5. 如事故发生在浴室等潮湿处，救护人员要穿绝缘胶鞋、戴绝缘手套或站在干燥木板上以保护自身安全。

6. 救护人员切不可直接用手、金属或潮湿的物件作为救护工具，最好单手操作，以防自己触电。

7. 对神志清醒的触电伤员，应让其就地躺平，严密观察呼吸、脉搏等生命指标，暂时不要让其站立或走动。

8. 对神志不清的触电伤员，应使其就地平躺，且确保呼吸道通畅，呼叫伤员或轻拍其肩部，以判定伤员是否丧失意识，禁止摇动伤员头部。

9. 对呼吸心跳停止者，应立即进行心肺复苏，一般应进行半小时以上。

10. 对烧伤伤员应进行创面的简易包扎，再送往医院抢救。

11. 移动伤员时，除应使伤员平躺在担架上并在其背部垫以平硬宽木板外，心跳、呼吸停止者应继续进行心肺复苏，并做好保暖工作。

12. 如伤员的心跳和呼吸经抢救后均已恢复，则可暂停心肺复苏，但应严密监护，防止心跳、呼吸再次骤停，随时准备再次抢救。

第五节　高处坠落事故现场救护

1. 迅速将伤员带离危险场地，去除伤员身上的工具和口袋中的硬物。

2. 对颌面部受伤的伤员，首先应保持呼吸道通畅，摘除假牙，清除移位的组织碎片、血凝块、口腔分泌物等，同时松解伤员的颈、胸部纽扣。

3. 若伤员出现颅脑外伤，必须维持其呼吸道通畅。使昏迷者平卧，面部转向一侧，以防舌根下坠或分泌物、呕吐物吸入，发生喉阻塞。有严重的颅底骨折及严重的脑损伤者，切忌作填塞，以免导致颅内感染，应用干净纱布或布单等覆盖创伤处，包扎后送往医院治疗。

4. 对脊椎受伤者，应用干净纱布或布单等覆盖创伤处，包扎后使伤员平卧在帆布担架或硬板上。

5. 如发现伤员骨折，应用夹板临时固定骨折部位。

6. 遇有创伤性出血的伤员，应直接在伤口上部放置厚敷料，并用绷带包扎，包扎以不出血并不影响肢体血循环为标准。伤员应保持头低脚高的卧位，并注意保暖。

7. 遇呼吸、心跳停止者，应立即进行心肺复苏。

8. 对处于休克状态的伤员，要让其安静、保暖、平卧、少动，并将下肢抬高，尽快送往医院进行抢救。

9. 在搬运和转送过程中，应保证伤员脊柱平直。严禁一人抬肩一人抬腿、只抬伤者的两肩与两腿或单肩背运的搬运方法，以免造成截瘫。

第六节　坍塌事故现场救护

1. 发生坍塌事故时，应在确认不会再次发生坍塌的前提下，立即抢救伤员。如果有再次发生坍塌的危险，应先进行支护或采取其他加固措施。

2. 当有少部分土方坍塌时，救护人员要用铁锹进行挖掘，并注意不要伤及被埋人员。

3. 当建筑物整体倒塌时，应在指挥部统一领导下开展抢险工作，采用吊车、挖掘机进行抢救，在接近边坡处时，必须停止机械作业，全部改用人工挖掘，防止误伤被埋人员。现场要有指挥人员和监护人员。

4. 建筑物燃烧后，结构强度会急剧下降，必须经过专家评估并采取一定措施后，救护人员才能进入建筑物进行伤员抢救。

5. 坍塌事故所造成的伤害主要是机械性窒息和颅脑损伤。因此救护人员必须熟练掌握止血包扎、骨折固定、伤员搬运及心肺复苏等急救知识。

6. 在救护过程中，抢救机械设备和救护人员应严格执行安全操作规程，配齐安全设施和防护工具，加强自我保护，确保人身安全。

责任编辑/韩伟　　责任校对/朱岩　　责任设计/郭艳

天猫旗舰店

中国人力资源和社会保障出版集团

ISBN 978-7-5167-5466-5

定价：20.00元